普通高等学校"十三五"省级规划教材配套辅导

A Guide to Applied Probability and
Mathematical Statistics

应用概率与数理统计
学习指导

余晓美　朱方霞　马阳明◎编

U0190399

中国科学技术大学出版社

内 容 简 介

本书是安徽省"十三五"省级规划教材《应用概率与数理统计》的配套学习指导书,是按照教育部颁布的《概率论与数理统计课程基本要求》编写的. 本书共 6 章,第 1～3 章是概率论部分,分别是随机事件及其概率、随机变量及其分布、随机变量的数字特征. 第 4～6 章是数理统计部分,分别是抽样分布、参数估计、假设检验. 每章内容包括学习目标、内容提要、典型例题解析、习题选解、自测题以及自测题解答 6 部分. 内容安排紧凑,思路清晰,讲解简洁明了,方便学生自我学习提高以及教师高效教学. 在全书最后提供了 5 套综合自测题及其解答,方便学生查漏补缺.

本书不仅可作为使用该教材的老师和学生的参考书,也可供各类相关自学者使用.

图书在版编目(CIP)数据

应用概率与数理统计学习指导/余晓美,朱方霞,马阳明编. —合肥:中国科学技术大学出版社,2020.8(2023.7 重印)
ISBN 978-7-312-05021-3

Ⅰ.应⋯ Ⅱ.①余⋯ ②朱⋯ ③马⋯ Ⅲ.①概率论—高等学校—教学参考资料②数理统计—高等学校—教学参考资料 Ⅳ.O21

中国版本图书馆 CIP 数据核字(2020)第 127740 号

应用概率与数理统计学习指导
YINGYONG GAILÜ YU SHULI TONGJI XUEXI ZHIDAO

出版	中国科学技术大学出版社
	安徽省合肥市金寨路 96 号,230026
	http://press.ustc.edu.cn
	https://zgkxjsdxcbs.tmall.com
印刷	合肥市宏基印刷有限公司
发行	中国科学技术大学出版社
经销	全国新华书店
开本	710 mm×1000 mm 1/16
印张	9.75
字数	202 千
版次	2020 年 8 月第 1 版
印次	2023 年 7 月第 4 次印刷
定价	25.00 元

前　言

近几年来,随着"互联网＋"技术对教育的影响,符合信息化时代特色和学情的翻转课堂、混合式教学等各种教学改革实践应运而生.为了适应这种变化,我们编写了本书,对概率统计重要知识点进行补充和拓展和延伸,一方面满足广大学生在自主学习、课堂学习、视频学习概率论与数理统计课程的需要,期望能够对广大学生掌握相关知识点起到促进作用,同时满足不同层次、不同学习方式的学生学习需要;另一方面期望对教师的教学实践和教学改革提供一定的帮助.

本书是根据《概率论与数理统计课程基本要求》编写的,是《应用概率与数理统计》(第2版)配套的学习指导书.它不仅可作为该教材的老师和学生的参考书,也可供相关自学者使用.

本书的内容共分6章,基本与教材一致.第1～3章是概率论部分,分别是随机事件及其概率、随机变量及其分布、随机变量的数字特征;第4～6章是数理统计部分,分别是抽样分布、参数估计、假设检验.每章内容包括学习目标、内容提要、典型例题解析、习题选解、自测题以及自测题解答6部分.内容安排紧凑,思路清晰,讲解简洁明了,方便学生自我学习提高和教师高效教学.在全书最后提供了5套综合自测题及其解答,方便学生查漏补缺.

每章的具体安排如下:学习目标部分主要根据《概率论与数理统计课程基本要求》确定,并根据教学实际做了适当的调整,用"理解""掌握"等表示程度上的差异;内容提要部分将重要知识点条目化和具体化,并给出补充和延伸,适应现在慕课(MOOC)视频拍摄和碎片化学习的新发展和新要求;典型例题解析是教师上课和学生自学的极好材料,该部分对内容和方法进行归纳总结,将重要内容、解题技巧和数学应用融入其中;习题选解部分选择教材中的部分习题给出详细的解法,帮助学生学习和教师开展不同层次要求的教学活动;自测题部分是对每章内容的自我检查,希望可以帮助学生对知识点有深刻的理解和应用.全书最后提供的综合自测题是对全书内容掌握情况的测试,其中包含部分考研真题,供学生作为复习、自我测试和提高之用.

本书由滁州学院余晓美(第1～3章)、朱方霞(第4～5章)和马阳明(第6章)编写,全书由余晓美统稿.

本书在编写过程中,我们得到了滁州学院数学与金融学院领导和承担本课程教学工作的老师的关心和支持,他们对本书提出了许多宝贵的意见和建议;我们还参考了国内外许多优秀的教材和指导书;中国科学技术大学出版社在本书的出版中给予了大方的支持和帮助.在此一并致谢!

由于编者水平有限,书中难免有不妥之处,恳请读者批评指正.

编　者

2020 年 3 月

目　　录

第1章 随机事件及其概率

【学习目标】

本章学习目标如下：

1. 理解随机现象、样本空间和随机事件的概念，掌握事件间的关系与运算.

2. 理解概率的定义，掌握概率的基本性质，能计算古典概型的概率，能用概率的基本性质计算事件的概率.

3. 理解条件概率的概念，掌握概率的乘法公式.

4. 掌握全概率公式和贝叶斯公式，能应用这两个公式计算较复杂事件的概率.

5. 理解事件独立性的概念，能应用事件的独立性进行有关概率的计算.

本章学习重点是事件及事件间的关系与运算，概率的基本性质，概率的乘法公式，以及事件的独立性及其应用；本章学习难点是对概率的公理化定义的理解，古典概型的概率计算，以及全概率公式和贝叶斯公式的应用.

【内容提要】

1. 随机事件

（1）随机现象

即在一定条件下并不总是出现同一个结果的现象. 显然，随机现象有两个特征：

① 随机现象的结果不少于两个；

② 事前无法预测哪一个结果会出现.

（2）随机试验（试验）

在相同条件下，对可以重复的随机现象的观测或试验的统称.

（3）样本空间

随机现象不可再分的结果称为样本点（基本事件），用 ω 表示；由全体样本点组成的集合称为样本空间,记为 Ω.

(4) 随机事件(事件)

事件是由样本空间 Ω 中的某些样本点组成的集合,它是 Ω 的一个子集. 事件 A 发生当且仅当试验中出现的样本点 ω 在子集 A 中,即 $\omega \in A$.

必然事件 Ω(全集)和不可能事件 $\varnothing$(空集)是事件的两个极端情形.

(5) 事件间的关系及运算

如表 1.1 所示.

表 1.1 事件间的关系及运算

关系及运算	记号	概率论	集合论
包含	$A \subset B$	事件 A 发生必然导致事件 B 发生	A 是 B 的子集
相等	$A = B$	事件 A 与事件 B 相等	A 与 B 相等
互不相容	$AB = \varnothing$	事件 A 与事件 B 不能同时发生	A 与 B 无公共元素
互逆	$\bar{A}$	事件 A 的逆事件	A 的余集
和事件	$A \cup B$	事件 A 与 B 至少有一个发生	A 与 B 的并集
积事件	$A \cap B$	事件 A 与 B 同时发生	A 与 B 的交集
差事件	$A - B$	事件 A 发生而 B 不发生	A 与 B 的差集

和事件与积事件可以推广到任意多个事件的情形. 即 $A \cup B$ 可以推广到 $\bigcup\limits_{i=1}^{n} A_i$ 或 $\bigcup\limits_{i=1}^{\infty} A_i$;$A \cap B$(简记为 AB)可以推广到 $\bigcap\limits_{i=1}^{n} A_i$ 或 $\bigcap\limits_{i=1}^{\infty} A_i$.

(6) 事件的运算性质

交换律:$A \cup B = B \cup A, A \cap B = B \cap A$;

结合律:$(A \cup B) \cup C = A \cup (B \cup C), (AB)C = A(BC)$;

分配律:$A(B \cup C) = AB \cup AC, A \cup (BC) = (A \cup B)(A \cup C)$;

对偶律:$\overline{A \cup B} = \bar{A} \cap \bar{B}, \overline{A \cap B} = \bar{A} \cup \bar{B}$.

对偶律可推广到任意多个事件的情形. 例如,推广到有限个事件的情形:

$$\overline{\bigcup_{i=1}^{n} A_i} = \bigcap_{i=1}^{n} \overline{A_i} \quad (\text{和之逆} = \text{逆之积})$$

$$\overline{\bigcap_{i=1}^{n} A_i} = \bigcup_{i=1}^{n} \overline{A_i} \quad (\text{积之逆} = \text{逆之和})$$

注 (1) 概率论的一个中心问题就是事件概率的计算. 熟练掌握事件间的关系及运算是正确计算事件概率的基础. 在研究实际问题时,往往需要考虑各种可能的事件,而这些事件常常是相互关联的,运用事件间的关系及运算,就能用简单事件去表示复杂事件,从而就能用简单事件的概率去推算复杂事件的概率.

(2) 不能把事件的"和""积"理解成数的"和""积",尽管它们的性质差不多,都具有交换律、结合律与分配律,但二者不是一回事. 例如,$A \bigcup A \bigcup \cdots \bigcup A = A$,$AA$
$\cdots A = A$ 与数的运算并不相同;又如,$A \bigcup (BC) = (A \bigcup B)(A \bigcup C)$,但对于数,$a + bc$
$\neq (a+b)(a+c)$. 如果混淆了二者的异同,就会出错.

2. 概率的公理化定义及基本性质

(1) 概率的公理化定义

设 Ω 为样本空间,对于任意事件 A 都赋予一个实数 $P(A)$ 与之对应,若事件的
函数 $P(\cdot)$ 满足下面三条公理:

公理 1.1(非负性)　$P(A) \geqslant 0$.

公理 1.2(规范性)　$P(\Omega) = 1$.

公理 1.3(可列可加性)　对可列个两两互斥事件 $A_1, A_2, \cdots, A_n, \cdots$,有

$$P\Big(\bigcup_{i=1}^{\infty} A_i \Big) = \sum_{i=1}^{\infty} P(A_i)$$

则称 $P(A)$ 为事件 A 的概率.

(2) 概率的基本性质

性质 1.1　$P(\varnothing) = 0$.

性质 1.2(加法公式)

$$P(A \bigcup B) = P(A) + P(B) - P(AB) \tag{1.1}$$

$$P(A \bigcup B \bigcup C) = P(A) + P(B) + P(C) - P(AB) - P(AC)$$
$$- P(BC) + P(ABC) \tag{1.2}$$

一般地,有

$$P\Big(\bigcup_{i=1}^{n} A_i \Big) = \sum_{i=1}^{n} P(A_i) - \sum_{1 \leqslant i < j \leqslant n} P(A_i A_j) + \cdots + (-1)^{n-1} P(A_1 A_2 \cdots A_n)$$
$$\tag{1.3}$$

特别地,若 $A_1, A_2, \cdots, A_n$ 两两互斥,则

$$P\Big(\bigcup_{i=1}^{n} A_i \Big) = \sum_{i=1}^{n} P(A_i) \tag{1.4}$$

当 $n=2$ 时,$A_1 = A$,$A_2 = \bar{A}$,有以下常用公式

$$P(\bar{A}) = 1 - P(A) \tag{1.5}$$

性质 1.3(减法公式)

$$P(A - B) = P(A) - P(AB) \tag{1.6}$$

特别地,若 $A \supset B$,则

$$P(A - B) = P(A) - P(B) \tag{1.7}$$

$$P(A) \geqslant P(B) \tag{1.8}$$

称式(1.8)为概率的单调性. 利用这个性质可知,对任意事件 A 有

$$0 \leqslant P(A) \leqslant 1 \tag{1.9}$$

注　在概率论发展史上,概率的公理化定义的引入是一个有里程碑意义的事件.自从人们开始研究随机现象以来,关于如何对随机事件的可能性即概率进行确切的定义讨论了近两个世纪,17世纪欧洲贵族阶层中赌博盛行,如何计算赢率成了不少数学家的研究课题,古典概率的定义逐渐被人们接受,但它只适用于"等可能性"事件的概率.如何定义一般事件的概率这一问题却一直无法解决.虽然用频率的稳定值来定义概率有一定的科学性,但这种基于频率的稳定性的统计定义让人感到不踏实,而且事实上我们不可能做无数次试验去确定一个事件的概率.因此,如何对一般事件的概率给出确切的定义成了一个难题.直到1933年苏联数学家柯尔莫哥洛夫提出了概率的公理化定义才圆满解决了这个难题.柯尔莫哥洛夫从古典概率和频率的有关性质中概括出三条基本准则,即非负性、规范性和互斥事件的可列可加性,指出凡是满足这三条基本准则的事件(集合)的函数都可以作为概率,而由这三条基本准则推出的概率性质又为利用简单事件的概率计算复杂事件的概率提供了运算规则,从而极大地推动了概率论的发展.

3. 古典概率

古典概型,指具有下面两个特征的试验模型:

① 有限性:样本空间只含有有限个基本事件,即

$$\Omega = \{\omega_1, \omega_2, \cdots, \omega_n\}$$

② 等可能性:每个基本事件发生的可能性是相同的,即

$$P(\omega_1) = P(\omega_2) = \cdots = P(\omega_n)$$

若事件 A 包含 k 个基本事件,则

$$P(A) = \frac{k}{n} = \frac{A \text{ 中的基本事件数}}{\Omega \text{ 中的基本事件总数}} \tag{1.10}$$

式(1.10)确定的概率称为古典概率,它满足概率定义中的三条公理.

注　(1) 按古典概率的计算公式(1.10),要正确求得 $P(A)$,必须把样本空间 Ω 中的基本事件数和事件 A 中的基本事件数数准,做到"不重不漏".通常借助于排列组合的知识来数,至于计数时用"排列"还是"组合",关键在于结果是否与排序有关.有时二者都能用,此时一定要"同排列"或"同组合",即在计算 Ω 和 A 中的基本事件数时,都用排列或都用组合,不能混用,否则多半出错.

(2) 古典概率的计算大致可归纳为以下三类问题:

① 产品抽样问题(见配套教材例1.2.6);

② 分房问题;

③ 取数问题.

4. 条件概率与乘法公式

(1) 条件概率

在事件 A 发生的条件($P(A) > 0$)下,事件 B 的条件概率定义为

$$P(B|A) = \frac{P(AB)}{P(A)} \tag{1.11}$$

（2）乘法公式

$$P(AB) = P(A)P(B|A) \tag{1.12}$$

$$P(ABC) = P(A)P(B|A)P(C|AB) \tag{1.13}$$

一般地,有

$$P(A_1A_2\cdots A_n) = P(A_1)P(A_2|A_1)P(A_3|A_1A_2)\cdots P(A_n|A_1A_2\cdots A_{n-1}) \tag{1.14}$$

注　（1）条件概率 $P(B|A)$ 也是概率,即它满足概率定义中的三条公理. 因此,计算概率的所有公式都能运用. 例如

$$P(\bar{B}|A) = 1 - P(B|A)$$

$$P(B-C|A) = P(B|A) - P(BC|A)$$

（2）计算条件概率有以下三种方法:

① 可以按定义计算条件概率 $P(B|A)$;

② 附加条件意味着对样本空间的缩小,条件概率 $P(B|A)$ 可以在缩小的样本空间 Ω_A 上计算;

③ 可以直接从附加条件后改变了的情况出发计算条件概率 $P(B|A)$.

5. 全概率公式和贝叶斯公式

（1）完备事件组

若事件 $B_1, B_2, \cdots, B_n$ 满足:

① $B_1, B_2, \cdots, B_n$ 两两互不相容;

② $B_1 \bigcup B_2 \bigcup \cdots \bigcup B_n = \Omega$,

则称 $B_1, B_2, \cdots, B_n$ 为完备事件组或样本空间的一个划分.

（2）全概率公式

设 $B_1, B_2, \cdots, B_n$ 为完备事件组,$P(B_i) > 0 (i = 1, 2, \cdots, n)$,则对任意事件 A 有

$$P(A) = \sum_{i=1}^{n} P(B_i)P(A|B_i) \tag{1.15}$$

（3）贝叶斯公式

设 $B_1, B_2, \cdots, B_n$ 为完备事件组,$P(B_i) > 0 (i = 1, 2, \cdots, n)$,若 $P(A) > 0$,则

$$P(B_j|A) = \frac{P(B_j)P(A|B_j)}{\sum_{i=1}^{n} P(B_i)P(A|B_i)} \quad (j = 1, 2, \cdots, n) \tag{1.16}$$

注　（1）全概率公式是用来求复杂事件 A 的概率的. 其关键是找出与 A 有关的样本空间 Ω 的一个划分 $\{B_i\}$（其实只要 $A \subset \bigcup_i B_i$ 即可）,得到我们所关心的事件 $A = \bigcup_i AB_i$,进而使求复杂事件 A 的概率转化为求一组两两互斥事件 $AB_1, AB_2,$

$\cdots$, AB_n 和的概率,然后利用加法公式与乘法公式即可求得 A 的概率.

(2) 贝叶斯公式是利用先验概率来求后验概率的公式,$P(B_i)$ 称为先验概率,即试验前我们对"事件 B_i 出现的概率"的初步了解. 而 $P(B_j|A)$ 是后验概率,即在试验后得知事件 A 发生,使我们对"事件 B_i 出现的概率"有了进一步了解,这是对先验概率的一种修正. 解题的关键仍是找出 Ω 的一个划分.

(3) 全概率公式与贝叶斯公式的特例:当 $n=2$ 时,把式(1.15)和(1.16)中的 B_1 记为 B,B_2 就是 $\bar{B}$,于是有

$$P(A) = P(B)P(A|B) + P(\bar{B})P(A|\bar{B})$$

$$P(B|A) = \frac{P(B)P(A|B)}{P(B)P(A|B) + P(\bar{B})P(A|\bar{B})}$$

6. 事件的独立性

(1) 定义

称两个事件 A 与 B 相互独立,若

$$P(AB) = P(A)P(B) \tag{1.17}$$

称 n 个事件 A_1, A_2, $\cdots$, A_n 相互独立,若对任意 $k(2 \leqslant k \leqslant n)$ 个事件 A_{i_1}, A_{i_2}, $\cdots$, A_{i_k} $(1 \leqslant i_1 < i_2 < \cdots < i_k \leqslant n)$ 均有

$$P(A_{i_1}A_{i_2} \cdots A_{i_k}) = P(A_{i_1})P(A_{i_2}) \cdots P(A_{i_k}) \tag{1.18}$$

注意,式(1.18)含有 $2^n - 1 - n$ 个等式.

(2) 性质

① 若 $n(n \geqslant 2)$ 个事件 A_1, A_2, $\cdots$, A_n 相互独立,则其中任意 $k(2 \leqslant k \leqslant n)$ 个事件也相互独立. 特别地,当 $k=2$ 时,称 A_1, A_2, $\cdots$, A_n 两两独立.

显然,相互独立必两两独立,但反之未必成立!

② 若 $n(n \geqslant 2)$ 个事件 A_1, A_2, $\cdots$, A_n 相互独立,则将其中任何 $m(1 \leqslant m \leqslant n)$ 个事件换成其对立事件,得到的 n 个事件也相互独立.

注 (1) 事件 A 与 B 独立和互不相容是两个不同的概念. 事件 A 与 B 独立是指 $P(AB)=P(A)P(B)$,具有概率特性,而事件 A 与 B 互不相容是指满足 $AB=\varnothing$,与概率性质无关. 事实上,若 A 与 B 独立且互不相容,则由

$$P(A)P(B) = P(AB) = P(\varnothing) = 0$$

可知 A 与 B 至少有一个概率为 0.

(2) 对于有放回抽样,即抽出样本观测后再放回样本空间中,故前后抽样的样本空间没有发生变化,两次抽样为独立重复抽样,计算概率时可利用事件的独立性予以简化. 而对于无放回抽样,由于抽出样本后不再放回样本空间,前后抽样的样本空间是不一样的,此时计算概率时只能用条件概率和乘法公式进行,不能用事件的独立性.

【典型例题解析】

例 1.1　设袋中有 3 个红球、2 个黑球和 5 个白球,从中不放回地任取 2 次,每次取 1 个球,以 A_i, B_i, C_i 分别表示第 $i(i=1,2)$ 次取得红、黑、白球,试用 A_i, B_i, C_i 表示下列事件:

(1) 所取的两个球有黑球;　　　(2) 只取得一个黑球;

(3) 第二次取得黑球;　　　　　(4) 最多有一个黑球;

(5) 取得两个同色球.

解　(1) "有黑球"即"至少有一个黑球",因此

$$"有黑球" = B_1 \bigcup B_2 = B_1 B_2 \bigcup B_1 A_2 \bigcup B_1 C_2 \bigcup A_1 B_2 \bigcup C_1 B_2$$

(2) "只取得一个黑球"$= B_1 \bar{B_2} \bigcup \bar{B_1} B_2 = B_1 A_2 \bigcup B_1 C_2 \bigcup A_1 B_2 \bigcup C_1 B_2$;

(3) "第二次取得黑球"$= A_1 B_2 \bigcup B_1 B_2 \bigcup C_1 B_2 = (A_1 \bigcup B_1 \bigcup C_1) B_2 = B_2$;

(4) "最多有一个黑球"的对立事件为"取得两个黑球",故有

$$"最多有一个黑球" = \overline{B_1 B_2} = \bar{B_1} \bigcup \bar{B_2}$$

(5) "取得两个同色球"$= A_1 A_2 \bigcup B_1 B_2 \bigcup C_1 C_2$.

例 1.2　从 $0,1,2,\cdots,9$ 十个数字中,等可能地取出四个数字排成一列,恰好形成一个四位数. 试求下列事件的概率:

(1) $A_1 =$"四个数字各不相同";　　(2) $A_2 =$"此数为奇数";

(3) $A_3 =$"6 至少出现一次";　　　(4) $A_4 =$"6 恰好出现一次";

(5) $A_5 =$"此数含 6 不含 8".

解　把每一个四位数视为一个样本点,这是古典概型问题. 取出的四个数字的排列要形成一个四位数,第一位数字(不能为 0)只有 9 种选择,其余三位有 10^3 种选择,由乘法原理知,样本点总数 $n = 9 \times 10^3$.

(1) 显然,A_1 包含的样本点个数 $n(A_1) = 9 \times 9 \times 8 \times 7$. 故

$$P(A_1) = \frac{n(A_1)}{n} = \frac{9 \times 9 \times 8 \times 7}{9 \times 10^3} = 0.504$$

(2) 要使 A_2 发生,第一位数字有 9 种选择、最后一位有 5 种选择、中间两位数字有 10^2 种选择,故 $n(A_2) = 9 \times 10^2 \times 5$,因此

$$P(A_2) = \frac{n(A_2)}{n} = \frac{9 \times 10^2 \times 5}{9 \times 10^3} = 0.500$$

(3) 考虑事件 $\bar{A_3} =$"此数不含 6",此时第一位数字只有 8 种选择、其余三位有 9^3 种选择,故 $n(\bar{A_3}) = 8 \times 9^3$. 因此

$$P(A_3) = 1 - P(\bar{A}_3) = 1 - \frac{8 \times 9^3}{9 \times 10^3} = 0.352$$

(4) 第一位数字是 6 的有 9^3 种选择；6 出现在第 2,3,4 位数各有 8×9^2 种选择. 故 $n(A_4) = 9^3 + 3 \times 8 \times 9^2$. 因此

$$P(A_4) = \frac{n(A_4)}{n} = \frac{9^3 + 3 \times 8 \times 9^2}{9 \times 10^3} = 0.297$$

(5) 记 $B=$"此数不含 6"，$C=$"此数不含 8"，则 $A_5 = \bar{B}C = C - BC$，而 $n(C) = 8 \times 9^3$，$n(BC) = 7 \times 8^3$，于是，所求概率为

$$P(A_5) = P(C) - P(BC) = \frac{8 \times 9^3}{9 \times 10^3} - \frac{7 \times 8^3}{9 \times 10^3} \approx 0.250$$

例 1.3 设 A, B, C 为三个事件，A 与 B 独立，A 与 C 互斥，且 $P(A) = 0.4$，$P(B) = 0.3, P(C) = 0.4, P(B|C) = 0.2$，试求以下概率：

(1) $P(A \cup B)$； (2) $P(C|A \cup B)$； (3) $P(AB|\bar{C})$.

解 (1) 注意到 A 与 B 独立，我们有

$$P(A \cup B) = 1 - P(\bar{A}\bar{B}) = 1 - P(\bar{A})P(\bar{B})$$
$$= 1 - (1 - 0.4)(1 - 0.3) = 0.58$$

(2) 注意到 A 与 C 互斥，由条件概率及乘法公式得

$$P(C|A \cup B) = \frac{P(C(A \cup B))}{P(A \cup B)} = \frac{P(BC)}{P(A \cup B)} = \frac{P(C)P(B|C)}{P(A \cup B)}$$
$$= \frac{0.4 \times 0.2}{0.58} = 0.138$$

(3) $P(AB|\bar{C}) = \dfrac{P(AB\bar{C})}{P(\bar{C})} = \dfrac{P(AB)}{1 - P(C)} = \dfrac{P(A)P(B)}{1 - P(C)} = \dfrac{0.4 \times 0.3}{1 - 0.4} = 0.2.$

例 1.4 在空战中，甲机先向乙机开火，击落乙机的概率为 0.2；若乙机未被击落，就进行还击，击落甲机的概率为 0.3；若甲机未被击落，则再进攻乙机，击落乙机的概率为 0.4. 试求在这几个回合中：

(1) 甲机被击落的概率； (2) 乙机被击落的概率.

解 若 $A_i = $"甲机第 $i(i=1,2)$ 次击落乙机"，$B = $"乙机击落甲机"，$C = $"甲机被击落"，$D = $"乙机被击落". 则 $C = \bar{A}_1 B$，$D = A_1 \cup \bar{A}_1 \bar{B} A_2$，且

$$P(A_1) = 0.2, \quad P(B|\bar{A}_1) = 0.3, \quad P(A_2|\bar{A}_1 \bar{B}) = 0.4$$

于是，所求概率分别为

(1) $P(C) = P(\bar{A}_1 B) = P(\bar{A}_1)P(B|\bar{A}_1) = (1 - 0.2) \times 0.3 = 0.24$；

(2) $P(D) = P(A_1 \cup \bar{A}_1 \bar{B} A_2) = P(A_1) + P(\bar{A}_1 \bar{B} A_2)$

$$= P(A_1) + P(\bar{A}_1)P(\bar{B}|\bar{A}_1)P(A_2|\bar{A}_1 \bar{B})$$

$$=0.2+(1-0.2)\times(1-0.3)\times0.4$$

$$=0.424.$$

例1.5　有两个口袋,甲袋中有3个黑球、2个白球,乙袋中有1个黑球、2个白球.先从甲袋中任取两球放入乙袋,再从乙袋中取出一球,试求:

(1) 从乙袋中取出的球是白球的概率;

(2) 已知从乙袋中取出的球是白球,从甲袋中取出的两球是白球的概率.

解　令A_i="从甲袋中取出i个白球",B="从乙袋中取出白球",则

$$P(A_0)=\frac{C_3^2}{C_5^2}=\frac{3}{10},\quad P(A_1)=\frac{C_3^1C_2^1}{C_5^2}=\frac{6}{10},\quad P(A_2)=\frac{C_2^2}{C_5^2}=\frac{1}{10}$$

$$P(B|A_0)=\frac{C_2^1}{C_5^1}=\frac{2}{10},\quad P(B|A_1)=\frac{C_3^1}{C_5^1}=\frac{3}{10},\quad P(B|A_2)=\frac{C_4^1}{C_5^1}=\frac{4}{10}$$

(1) 利用全概率公式,可得

$$P(B)=P(A_0)P(B|A_0)+P(A_1)P(B|A_1)+P(A_2)P(B|A_2)$$

$$=\frac{3}{10}\times\frac{2}{10}+\frac{6}{10}\times\frac{3}{10}+\frac{1}{10}\times\frac{4}{10}=0.28$$

(2) 利用贝叶斯公式,可得

$$P(A_2|B)=\frac{P(A_2)P(B|A_2)}{P(B)}=\frac{0.1\times0.4}{0.28}=\frac{1}{7}$$

注　若把事件A看成"结果",把完备事件组中的诸B_i看成是导致这一结果发生的"原因",则全概率公式所要解决的是"由因求果"的概率问题.运用全概率公式求概率的首要问题是,寻找一个与A有关的完备事件组$B_1,B_2,\cdots,B_n$,这可以通过寻找引起结果A发生的原因来得到诸B_i,在实际应用中,常用$\sum_i P(B_i)=1$来验证$B_1,B_2,\cdots,B_n$是否为完备事件组.而贝叶斯公式所要解决的是"执果溯因"的概率问题.即在结果A已经发生的情况下,探求导致A这一结果发生的诸原因B_i的可能性大小.

例1.6　将n根绳子的$2n$个头任意两两相接,求恰好结成n个圈的概率.

解　记A_n="恰好结成n个圈",$p_n=P(A_n)$,B="第1根绳子的两头相接成圈",则由全概率公式得

$$P(A_n)=P(B)P(A_n|B)+P(\bar{B})P(A_n|\bar{B}) \tag{1.19}$$

易见

$$P(B)=\frac{1}{2n-1},\quad P(A_n|B)=P(A_{n-1})=p_{n-1},\quad P(A_n|\bar{B})=0$$

代入式(1.19),得到递推公式

$$p_n=\frac{1}{2n-1}p_{n-1}\quad(n=2,3,\cdots)$$

由此可得

$$p_n = \frac{1}{(2n-1)!!}$$

例 1.7 在一批产品中有 1% 的废品,试问:随机抽出多少件产品,才能保证至少有一件废品的概率不小于 0.95?

解 设随机抽出 n 件产品,记 A_i="抽出的第 $i(i=1,2,\cdots,n)$ 件产品为废品",由于"一批产品"的数量很大,所以可将不放回抽样近似地视为有放回抽样,因此 $A_1,A_2,\cdots,A_n$ 相互独立,且

$$P(A_i) = 0.01 \quad (i=1,2,\cdots,n)$$

于是有

$$0.95 \leqslant P\left(\bigcup_{i=1}^{n} A_i\right) = 1 - \prod_{i=1}^{n} P(\bar{A}_i) = 1 - (1-0.01)^n$$

由此可得

$$n \geqslant \frac{\lg 0.05}{\lg 0.99} \approx 298.07$$

故应取 $n=299$ 即可.

例 1.8 设 A,B,C 相互独立,证明:

(1) A 与 $B\cup C$ 独立;

(2) A 与 $B-C$ 独立.

证明 设 A,B,C 相互独立,则

(1) $P(A(B\cup C)) = P(AB\cup AC) = P(AB) + P(AC) - P(ABC)$

$\qquad\qquad\qquad = P(A)P(B) + P(A)P(C) - P(A)P(B)P(C)$

$\qquad\qquad\qquad = P(A)[P(B) + P(C) - P(B)P(C)]$

$\qquad\qquad\qquad = P(A)P(B\cup C).$

故事件 A 与 $B\cup C$ 独立.

(2) $P(A(B-C)) = P(AB-AC) = P(AB) - P(ABC)$

$\qquad\qquad\qquad = P(A)P(B) - P(A)P(B)P(C)$

$\qquad\qquad\qquad = P(A)[P(B) - P(B)P(C)]$

$\qquad\qquad\qquad = P(A)[P(B) - P(BC)]$

$\qquad\qquad\qquad = P(A)P(B-C).$

故事件 A 与 $B-C$ 独立.

注 由例 1.8 不难看出一般情况:若 $n(n>2)$ 个事件 $A_1,A_2,\cdots,A_n$ 相互独立,则任意一个事件与其余任意 $k(2\leqslant k\leqslant n-1)$ 个事件的运算(和、差、积)也独立.

例 1.9 设有一个均匀的正四面体,第一、二、三面分别涂上红、黄、蓝一种颜色,第四面涂上红色、黄色或蓝色,若以 A,B,C 分别表示投一次四面体底面出现红、黄、蓝颜色的事件,则

$$P(A) = P(B) = P(C) = \frac{1}{2}$$

$$P(AB) = P(AC) = P(BC) = P(ABC) = \frac{1}{4}$$

显然，A,B,C 两两独立，但 A,B,C 并不相互独立. 这是因为

$$P(ABC) = \frac{1}{4} \neq \frac{1}{2} \times \frac{1}{2} \times \frac{1}{2} = P(A)P(B)P(C)$$

注　例 1.9 表明：对于多个事件，两两独立未必相互独立.

【习题选解】

10. 设 A,B 为任意两个事件，证明：

(1) $P(AB) = 1 - P(\bar{A}) - P(\bar{B}) + P(\bar{A}\bar{B})$；

(2) $P(A\bar{B} \cup \bar{A}B) = P(A) + P(B) - 2P(AB)$.

证明　(1) $P(AB) = 1 - P(\bar{A} \cup \bar{B}) = 1 - P(\bar{A}) - P(\bar{B}) + P(\bar{A}\bar{B})$.

(2) $P(A\bar{B} \cup \bar{A}B) = P(A\bar{B}) + P(\bar{A}B) = P(A) - P(AB) + P(B) - P(AB)$
$$= P(A) + P(B) - 2P(AB).$$

11. 某城市发行 A，B，C 三种报纸，订阅 A 报的有 45%，订阅 B 报的有 35%，订阅 C 报的有 30%，同时订阅 A，B 报的有 10%，同时订阅 A，C 报的有 8%，同时订阅 B，C 报的有 5%，同时订阅 A，B，C 三种报纸的有 3%. 试求下列事件的概率：

(1) 只订阅 A 报；　　　(2) 只订阅 A 报和 B 报；

(3) 只订阅一种报；　　　(4) 正好订阅两种报；

(5) 不订阅任何报.

解　仍以 A,B,C 分别表示订阅 A 报、订阅 B 报、订阅 C 报的事件.

(1) 只订阅 A 报的概率为

$$P(A\bar{B}\bar{C}) = P(A\overline{B \cup C}) = P(A - (B \cup C)) = P(A) - P(A(B \cup C))$$
$$= P(A) - P(A(B \cup C)) = P(A) - P(AB \cup AC)$$
$$= P(A) - P(AB) - P(AC) + P(ABC)$$
$$= 0.45 - 0.10 - 0.08 + 0.03 = 0.30$$

(2) 只订阅 A 报和 B 报的概率为

$$P(AB\bar{C}) = P(AB - C) = P(AB) - P(ABC)$$
$$= 0.10 - 0.03 = 0.07$$

(3) 只订阅一种报的概率为

$$P(A\bar{B}\bar{C} \cup \bar{A}B\bar{C} \cup \bar{A}\bar{B}C) = P(A\bar{B}\bar{C}) + P(\bar{A}B\bar{C}) + P(\bar{A}\bar{B}C)$$

由(1)知 $P(A\bar{B}\bar{C})=0.30$. 同理 $P(\bar{A}B\bar{C})=0.23, P(\bar{A}\bar{B}C)=0.20$. 故得

$$P(A\bar{B}\bar{C} \cup \bar{A}B\bar{C} \cup \bar{A}\bar{B}C) = 0.30 + 0.23 + 0.20 = 0.73$$

(4) 正好订阅两种报的概率为

$$P(AB\bar{C} \cup A\bar{B}C \cup \bar{A}BC) = P(AB\bar{C}) + P(A\bar{B}C) + P(\bar{A}BC)$$

由(2)知 $P(AB\bar{C})=0.07$. 同理 $P(A\bar{B}C)=0.05, P(\bar{A}BC)=0.02$. 故得

$$P(AB\bar{C} \cup A\bar{B}C \cup \bar{A}BC) = 0.07 + 0.05 + 0.02 = 0.14$$

(5) 不订阅任何报的概率为

$$P(\bar{A}\bar{B}\bar{C}) = 1 - P(A \cup B \cup C)$$
$$= 1 - P(A) - P(B) - P(C)$$
$$\quad + P(AB) + P(AC) + P(BC) - P(ABC)$$
$$= 1 - 0.45 - 0.35 - 0.30 + 0.10 + 0.08 + 0.05 - 0.03$$
$$= 0.10$$

15. 一个大学生宿舍中住有 6 名同学,试求下列事件的概率:

(1) 6 人中至少有 1 人生日在 10 月份;

(2) 6 人中恰有 2 人生日在 10 月份;

(3) 6 人中至少有 2 人生日在同一月份.

解 可把该问题视为:6 个球放入 12 个盒子中的盒子模型. 由盒子模型可得:

(1) 记 A="6 人中至少有 1 人生日在 10 月份",则

$$P(A) = 1 - P(\bar{A}) = 1 - \frac{11^6}{12^6} \approx 0.4067$$

(2) 记 B="6 人中恰有 2 人生日在 10 月份",则

$$P(B) = \frac{11^4 C_6^2}{12^6} \approx 0.0735$$

(3) C="6 人中至少有 2 人生日在同一月份",则

$$P(C) = 1 - P(\bar{C}) = 1 - \frac{A_{12}^6}{12^6} \approx 0.7772$$

16. $n(n>2)$ 个朋友随机地围一圆桌而坐,求其中甲、乙两人相邻而坐的概率.

解 设甲先坐好,再考虑乙的坐法. 显然乙共有 $n-1$ 个位置可坐,且 $n-1$ 个位置都是等可能的,而乙与甲相邻有两个位置,故所求概率为 $\frac{2}{n-1}$.

19. 证明:条件概率 $P(\cdot | B)$ 满足概率定义中的三条公理:

(1) 对任意事件 A,有 $P(A|B) \geqslant 0$;

(2) $P(\Omega | B) = 1$;

(3) 若 $A_1, A_2, \cdots$ 两两互斥,则

$$P\left(\bigcup_{i=1}^{\infty} A_i \mid B\right) = \sum_{i=1}^{\infty} P(A_i \mid B)$$

证明   由条件概率公式不难看出(1)和(2)是成立的.

(3) 注意到 $A_1, A_2, \cdots$ 两两互斥,由条件概率公式和概率的可列可加性可得

$$P\left(\bigcup_{i=1}^{\infty} A_i \mid B\right) = \frac{P\left(\bigcup_{i=1}^{\infty} A_i B\right)}{P(B)} = \frac{\sum_{i=1}^{\infty} P(A_i B)}{P(B)} = \sum_{i=1}^{\infty} \frac{P(A_i B)}{P(B)} = \sum_{i=1}^{\infty} P(A_i \mid B)$$

20. 设 $P(A) > 0$,证明: $P(B \mid A) \geqslant 1 - \dfrac{P(\bar{B})}{P(A)}$.

证明   由于条件概率是概率,故概率的性质对条件概率也成立. 因此,有

$$P(B \mid A) = 1 - P(\bar{B} \mid A) = 1 - \frac{P(A\bar{B})}{P(A)} \geqslant 1 - \frac{P(\bar{B})}{P(A)}$$

22. 为了保证安全生产,在矿井内同时安装了两种报警系统 A 与 B,每种系统单独使用时,A 的有效率为 0.90,B 的有效率为 0.95,在 A 失效的情况下 B 仍有效的概率为 0.80,试求:

(1) 这两种警报系统至少有一个有效的概率;

(2) 在 B 失效的情况下,A 仍有效的概率.

解   以 A, B 分别表示报警系统 A,B 有效的事件,则

$$P(A) = 0.90, \quad P(B) = 0.95, \quad P(B \mid \bar{A}) = 0.80$$

(1) 所求概率为

$$\begin{aligned}
P(A \cup B) &= 1 - P(\bar{A}\bar{B}) = 1 - P(\bar{A})P(\bar{B} \mid \bar{A}) \\
&= 1 - (1 - 0.90)(1 - 0.80) \\
&= 0.98
\end{aligned}$$

(2) 由(1)及题设知

$$P(AB) = P(A) + P(B) - P(A \cup B) = 0.87$$

于是,所求概率为

$$P(A \mid \bar{B}) = \frac{P(A\bar{B})}{P(\bar{B})} = \frac{P(A) - P(AB)}{P(\bar{B})} = \frac{0.90 - 0.87}{1 - 0.95} = 0.6$$

26. 一道选择题有 4 个备选项可供选择,其中恰有 1 项是对的. 某考生能正确判断的概率为 0.5,在不能正确判断的情况下就乱猜(即猜中的概率为 1/4). 试求:

(1) 该考生选择正确答案的概率;

(2) 已知该考生选择了正确答案,他不是乱猜而选择正确的概率.

解   设 A="考生选择正确答案",B="考生能正确判断",则由题意知

$$P(B) = P(\bar{B}) = 0.5, \quad P(A \mid B) = 1, \quad P(A \mid \bar{B}) = 0.25$$

（1）利用全概率公式，可得该考生选择正确答案的概率为

$$P(A) = P(B)P(A \mid B) + P(\bar{B})P(A \mid \bar{B})$$
$$= 0.5 \times 1 + 0.5 \times 0.25 = 0.625$$

（2）所求概率为

$$P(B \mid A) = \frac{P(AB)}{P(A)} = \frac{P(B)P(A \mid B)}{P(A)} = \frac{0.5 \times 1}{0.625} = 0.8$$

28. 据以往资料知，在出口罐头导致索赔案件中，有 50% 是质量问题，30% 是数量短缺问题，20% 是包装问题. 在质量问题争议中经过协商解决（不诉诸法律）的占 40%，在数量短缺问题争议中经过协商解决的占 60%，在包装问题争议中经过协商解决的占 75%. 今出现一件索赔案件.

（1）求在争议中经过协商解决的概率；

（2）已知案件在争议中经过协商解决了，问这一案件不属于质量问题的概率是多少？

解 在罐头索赔案件争议中，记 $B_1 =$ "属于质量问题"，$B_2 =$ "属于数量短缺问题"，$B_3 =$ "属于包装问题". 显然，B_1, B_2, B_3 构成一个完备事件组. 再记 $A =$ "经过协商解决"，依题意有

$$P(B_1) = 0.50, \quad P(B_2) = 0.30, \quad P(B_3) = 0.20$$
$$P(A \mid B_1) = 0.40, \quad P(A \mid B_2) = 0.60, \quad P(A \mid B_3) = 0.75$$

（1）由全概率公式知，所求概率为

$$P(A) = \sum_{i=1}^{3} P(B_i)P(A \mid B_i) = 0.53$$

（2）所求概率为

$$P(\bar{B}_1 \mid A) = \frac{P(A\bar{B}_1)}{P(A)} = \frac{P(A) - P(AB_1)}{P(A)} = \frac{P(A) - P(B_1)P(A \mid B_1)}{P(A)}$$
$$= \frac{0.53 - 0.50 \times 0.40}{0.53} \approx 0.62$$

30. 为真实了解学生中考试作弊的比率，调查者设计一个调查方案，在这个方案中，被调查者只需回答以下两个问题中的一个问题：

（1）你的生日是否在 7 月 1 日之前？

（2）你在考试中是否作过弊？

让被调查者在一个装有 20 个 1 号球（写有号码 1 的球）、30 个 2 号球的箱子中摸一球，摸到 1 号球就回答问题（1），摸到 2 号球就回答问题（2），而且只需回答"是"或"否". 在这种调查过程中，旁人无法知道被调查者回答的是哪一个问题，从而消除了被调查者的顾虑. 假若在被调查者中回答"是"的比率为 38%，试求学生

中曾经在考试中作过弊的比率.

解　设 A="被调查者中回答'是'",B="被调查者中摸到 1 号球",则由全概率公式得

$$P(A) = P(B)P(A|B) + P(\bar{B})P(A|\bar{B})$$

由题意知 $P(B)=0.40,P(\bar{B})=0.60,P(A|B)=0.50,P(A)\approx0.38$. 于是,学生中曾经在考试中作过弊的比率,即

$$P(A|\bar{B}) = \frac{P(A)-P(B)P(A|B)}{P(\bar{B})} \approx \frac{0.38-0.40\times0.50}{0.60} = 0.30$$

34. 17 世纪中叶,法国有一位热衷于赌博的贵族德·梅尔(De Mere),他在掷骰子游戏中遇到了一个令他难以解释的问题:"掷一颗骰子 4 次至少出现一次 6 点"是有利的,而"掷一双骰子 24 次至少出现一次双 6 点"是不利的. 试从概率论的角度解释这是为什么.

解　设 A="掷一颗骰子 4 次至少出现一次 6 点",B="掷一双骰子 24 次至少出现一次双 6 点",则

$$P(A) = 1-P(\bar{A}) = 1-\frac{5^4}{6^4} \approx 0.5177$$

$$P(B) = 1-P(\bar{B}) = 1-\frac{35^{24}}{36^{24}} \approx 0.4914$$

由 $P(A)>P(B)$ 立明.

【自测题】

1. 单项选择题

(1) 若事件 A="甲产品畅销,乙产品滞销",则事件 $\bar{A}$=(　　).

A. 甲产品滞销,乙产品畅销　　　　B. 甲、乙两产品均畅销

C. 甲产品滞销或乙产品畅销　　　　D. 甲、乙两产品均滞销

(2) 设 A,B 为两个事件,则下列关系与 $A\cup B=B$ 不等价的是(　　).

A. $A\subset B$　　　　　　　　　　B. $\bar{A}\supset\bar{B}$

C. $A\bar{B}=\varnothing$　　　　　　　　D. $\bar{A}B=\varnothing$

(3) 设 A,B 为两个事件,且 $P(B)>0,P(A|B)=1$,则必有(　　).

A. $P(A\cup B)>P(A)$　　　　　　B. $P(A\cup B)>P(B)$

C. $P(A\cup B)=P(A)$　　　　　　D. $P(A\cup B)=P(B)$

(4) 设 A 与 B 互不相容,且 $P(A)>0,P(B)>0$,则必有(　　).

A. $\overline{A}$ 与 $\overline{B}$ 互不相容　　　　　　　　B. $\overline{A}$ 与 $\overline{B}$ 相容

C. $P(AB)=P(A)P(B)$　　　　　　　　D. $P(A\cup\overline{B})=P(\overline{B})$

(5) 设 A,B 为两事件,$P(A)=0.5,P(B)=0.6,P(B|\overline{A})=0.4$,则 $P(AB)=$
(　　).

A. 0.5　　　　　　B. 0.4　　　　　　C. 0.3　　　　　　D. 0.2

2. 填空题

(1) 甲、乙各射击一次,事件 A 表示"甲击中目标",事件 B 表示"乙击中目标",则"甲、乙两人中恰有一人击中目标"可用事件＿＿＿＿＿＿＿表示.

(2) 掷两粒均匀的骰子,出现点数之和等于 5 的概率是＿＿＿＿.

(3) 设事件 A,B,C 相互独立,且 $P(A)=P(B)=P(C)=\dfrac{1}{2}$,则 $P(A\cup B\cup C)$
=＿＿＿＿.

(4) 设 A,B,C 是三个事件,A,C 互不相容,$P(AB)=\dfrac{1}{2}$,$P(C)=\dfrac{1}{3}$,则
$P(AB|\overline{C})=$＿＿＿＿.

(5) 设事件 A 与 B 相互独立,且 $P(B)=0.5,P(A-B)=0.3$,则 $P(B-A)=$
＿＿＿＿.

3. 将 3 个黑球、2 个白球随机地放入四个盒子,试求下列事件的概率:

(1) 每个盒子至少放入 1 球;

(2) 恰有 2 个黑球放入同一个盒子.

4. 一猎手使用双筒猎枪,其命中率为 0.7. 根据以往经验,某猎场能够遇到猎物的概率为 0.8. 试求猎手遇到猎物时两次独立射击至少击中一次的概率.

5. 甲、乙两人轮流投篮,甲先开始,假定他们的命中率分别为 0.4 和 0.5,试问谁先投中的概率大?

6. 已知一批产品中 96% 是正品. 检验产品时,一件正品被误认为次品的概率为 0.02;一件次品被误认为正品的概率为 0.05. 试求在被检验后认为是正品的产品确实是正品的概率.

7. 三门高射炮同时独立地向来犯敌机进行射击,每门高射炮的命中率为 0.6. 敌机若被击中一处,则被击落的概率为 0.3;若被击中两处,则被击落的概率为 0.6;若被击中三处,则一定被击落. 试求该敌机被击落的概率.

8. 设 A,B 为两事件,且 $0<P(A)<1$. 证明:A 与 B 独立的充要条件是

$$P(B|A) = P(B|\overline{A})$$

【自测题解答】

1. (1) C；(2) D；(3) C；(4) D；(5) B(提示：$B=AB\bigcup\bar{A}B$).

2. (1)$A\bar{B}\bigcup\bar{A}B$；(2) $\dfrac{5}{36}$；(3) $\dfrac{7}{8}$；(4) $\dfrac{3}{4}$；(5) 0.2.

3. 设 $A=$"每个盒子至少放入 1 球"，$B=$"恰有 2 个黑球放入同一个盒子".

(1) $P(A)=\dfrac{C_4^1 C_5^2\times 3!}{4^5}=\dfrac{15}{64}$；　　　　(2) $P(B)=\dfrac{C_3^2 C_4^1 C_3^1\times 4^2}{4^5}=\dfrac{9}{16}$.

4. 记 $A=$"遇到猎物"，$A_i=$"第 $i(i=1,2)$ 次击中猎物"，$B=$"两次独立射击至少击中一次". 由题意知

$$P(A)=0.8,\quad P(A_i|A)=0.7\quad(i=1,2)$$

所求概率为

$$
\begin{aligned}
P(B)&=P(AB\bigcup\bar{A}B)=P(AB)=P(A(A_1\bigcup A_2))\\
&=P(A)P((A_1\bigcup A_2)|A)\\
&=P(A)[1-P(\bar{A}_1\bar{A}_2|A)]\\
&=P(A)[1-P(\bar{A}_1|A)P(\bar{A}_2|A)]\\
&=0.8\times[1-(1-0.7)^2]=0.728
\end{aligned}
$$

5. 设 $A=$"甲先命中"，$A_i=$"甲第 i 次命中"，$B_i=$"乙第 j 次命中"，则

$$
\begin{aligned}
P(A)&=P(A_1\bigcup\bar{A}_1\bar{B}_1 B_2\bigcup\bar{A}_1\bar{B}_1\bar{A}_2\bar{B}_2 A_3\bigcup\cdots)\\
&=P(A_1)+P(\bar{A}_1\bar{B}_1 B_2)+P(\bar{A}_1\bar{B}_1\bar{A}_2\bar{B}_2 A_3)+\cdots\\
&=0.4+0.6\times 0.5\times 0.4+0.6^2\times 0.5^2\times 0.4+\cdots\\
&=0.4\times(1+0.3+0.3^2+\cdots)\\
&=0.4\times\dfrac{1}{1-0.3}=\dfrac{4}{7}
\end{aligned}
$$

因此，甲先投中的概率大.

注　在上述问题中，虽然甲的命中率比乙低，但先命中的概率比乙大. 为此，容易造成"先投者先投中的概率大"的错觉. 一般情况下，谁先投中不但与投篮的先后有关，而且与投篮的命中率有关. 设甲投篮的命中率为 p，乙投篮的命中率为 q，则

$$
\begin{aligned}
P(A)&=p+p(1-p)(1-q)+p+p(1-p)^2(1-q)^2+\cdots\\
&=\dfrac{p}{1-(1-p)(1-q)}
\end{aligned}
$$

而乙先命中（记为 B）的概率为

$$P(B) = (1-p)q + (1-p)^2(1-q)q + p + (1-p)^3(1-q)^2q + \cdots$$
$$= \frac{(1-p)q}{1-(1-p)(1-q)}$$

即先投者的命中率满足 $p > \dfrac{q}{1+q}$ 时才能取胜.

6. 设 A="经检验后认为是正品", B="抽到正品", 由题意知

$$P(B) = 0.96, \quad P(\bar{A}|B) = 0.02, \quad P(A|\bar{B}) = 0.05$$

由贝叶斯公式得所求概率为

$$P(B|A) = \frac{P(B)P(A|B)}{P(B)P(A|B) + P(\bar{B})P(A|\bar{B})}$$
$$= \frac{0.96 \times (1-0.02)}{0.96 \times (1-0.02) + (1-0.96) \times 0.05}$$
$$= 0.9979$$

7. 记 A="敌机被击落", B_i="敌机被击中 $i(i=0,1,2,3)$ 处落", C_i="第 $i(i=1,2,3)$ 门高射炮击中敌机", 则

$$B_1 = C_1\bar{C}_2\bar{C}_3 \bigcup \bar{C}_1C_2\bar{C}_3 \bigcup \bar{C}_1\bar{C}_2C_3$$
$$B_2 = C_1C_2\bar{C}_3 \bigcup C_1\bar{C}_2C_3 \bigcup \bar{C}_1C_2C_3$$
$$B_3 = C_1C_2C_3$$

由事件的独立性得

$$P(B_1) = 3 \times 0.6 \times 0.4^2 = 0.288$$
$$P(B_2) = 3 \times 0.6^2 \times 0.4 = 0.432$$
$$P(B_3) = 0.6^3 = 0.216$$

由题意知

$$P(A|B_0) = 0, \quad P(A|B_1) = 0.3, \quad P(A|B_2) = 0.6, \quad P(A|B_3) = 1$$

故由全概率公式得所求概率为

$$P(A) = \sum_{i=0}^{3} P(B_i)P(A|B_i)$$
$$= 0.288 \times 0.3 + 0.432 \times 0.6 + 0.216 \times 1$$
$$= 0.5616$$

8. **必要性.** 因 $0 < P(A) < 1$, 若 A 与 B 独立, 则 $\bar{A}$ 与 B 也独立, 故

$$P(B|A) = P(B), \quad P(B|\bar{A}) = P(B)$$

因此 $P(B|A) = P(B|\bar{A})$.

充分性. 若 $P(B|A) = P(B|\bar{A})$, 则

$$\frac{P(AB)}{P(A)} = \frac{P(\bar{A}B)}{P(\bar{A})} = \frac{P(B) - P(AB)}{1 - P(A)}$$

故有

$$P(AB)[1 - P(A)] = P(A)[P(B) - P(AB)]$$

$$P(AB) = P(A)P(B)$$

因此 A 与 B 独立.

第 2 章　随机变量及其分布

【学习目标】

　　随机变量及其分布是概率论的核心内容.本章学习目标如下：

　　1. 理解随机变量的概念.

　　2. 理解随机变量的分布函数的概念,了解分布函数的性质,会用分布函数计算有关事件的概率.

　　3. 理解离散型随机变量及其分布列的概念和性质,掌握两点分布、二项分布、泊松分布及其应用;理解连续型随机变量及其密度函数的概念和性质,掌握正态分布、均匀分布、指数分布及其应用.

　　4. 了解二维随机变量及其联合分布函数的概念和性质,了解二维离散型随机变量及其联合分布列的概念和性质,了解二维连续型随机变量及其联合密度函数的概念和性质,并会利用二维联合分布计算有关事件的概率;掌握二维离散型随机变量和二维连续型随机变量的边际分布的计算;了解二维正态分布.

　　5. 理解随机变量独立性的概念,会判断两个随机变量是否独立,掌握利用随机变量独立性进行概率计算的方法.

　　6. 会求简单的一个随机变量函数的概率分布,掌握正态分布的有关性质(线性性质、可加性等),了解二项分布的可加性和泊松分布的可加性.

　　本章学习重点是要求理解的概念、掌握的性质与计算方法;本章学习难点是随机变量的分布函数、连续型随机变量密度函数的概念和二维连续型随机变量边际密度函数的计算以及随机变量函数的分布的确定是本章的学习难点.

【内容提要】

1. 随机变量及其分布函数

（1）随机变量

随机变量是定义在样本空间 $\Omega=\{\omega\}$ 上,取值于实数轴 $\mathbf{R}$ 上的单值实函数 $X=$

$X(\omega)$. 显然,随机变量是随机事件的数量表示,也就是说随机现象的结果(事件)可以用随机变量来表示.

(2) 随机变量的分布函数

随机变量 X 的分布函数定义为事件 $\{X \leqslant x\}$ 的概率,即

$$F(x) = P(X \leqslant x) \quad (-\infty < x < +\infty) \tag{2.1}$$

有了随机变量 X 的分布函数 $F(x)$,与 X 有关的任何事件的概率都可以用分布函数 $F(x)$ 来表示. 例如,对任意实数 $a,b(a<b),c$,有

$$P(a < X \leqslant b) = F(b) - F(a) \tag{2.2}$$

$$P(X > c) = 1 - F(c) \tag{2.3}$$

$$P(X = c) = F(c) - F(c - 0) \tag{2.4}$$

其中 $F(c-0) = \lim\limits_{x \to c-0} F(x)$. 可见随机变量的概率分布情况可用其分布函数来描述.

分布函数具有下面三条基本性质:

① $F(x)$ 是一个单调不减函数,即 $x_1 < x_2 \Rightarrow F(x_1) \leqslant F(x_2)$.

② 对 $\forall x \in \mathbf{R}$ 有 $0 \leqslant F(x) \leqslant 1$,且

$$F(-\infty) = \lim\limits_{x \to -\infty} F(x) = 0, \quad F(+\infty) = \lim\limits_{x \to +\infty} F(x) = 1 \tag{2.5}$$

③ $F(x)$ 是一个右连续函数,即 $F(x+0) = F(x)$.

注　(1) 在概率论发展史上,随机变量的引入是继概率的公理化定义引入后的第二个里程碑,其意义十分重大.在第 1 章中讨论了在各个不同的随机现象中具体事件 A 的概率的计算方法.我们希望能在一个统一的样本空间上处理不同的随机现象.随机变量的引入成功地解决了这一问题.例如,在产品抽样问题中,令 $X(\text{次品}) = 1, X(\text{正品}) = 0$;在寿命检验中,令 $Y(\text{寿命 } y \text{ 小时}) = y$.这些不同的随机现象的结果都可以用实数轴上的点来代替.而随机变量 X 属于实数轴上集合 B 的事件则对应于事件 $B^{-1} = \{\omega \mid X(\omega) \in B\}$. 于是对原来随机现象中事件概率的讨论就转为对随机变量属于实数轴上集合 B 的概率的讨论.可见引入随机变量之后,我们可以在统一的样本空间中进行讨论,从而有利于深入地了解随机现象的本质.另一方面,过去是对一个具体事件的概率进行讨论,而对随机现象的整体性质并不了解.现在如果对随机变量 X 属于实数轴上任一集合 B 的事件求得概率 $P(X \in B)$,那么也就对随机现象的整体情况进行了刻画.上述 $P(X \in B)$ 称为随机变量 X 的分布.本章将对随机变量的分布逐步地进行深入的讨论.

(2) 要全面地描述一个随机变量 X,就要对所有 $B \subset \mathbf{R}$ 求得 $P(X \in B)$,但这种集合的函数难以处理,我们希望找到一个与之等价的实函数,便于进行运算. 分布函数 $F(x) = P(X \leqslant x)$ 正是这样一个函数,它仅依赖于实数轴上的点 x,是通常的实函数. 由于直线上的一般集合 B 总能由半开闭区间 $(a_i, b_i]$ 通过求积、和及逆运

算得到. 于是,只要对任意 $a_i \leqslant b_i$ 求得 $P(a_i < X \leqslant b_i)$,那么对任一集合 B 就可利用概率公式求得 $P(X \in B)$,而 $P(a_i < X \leqslant b_i) = F(b_i) - F(a_i)$ 又可利用分布函数求得. 因此只要对一切 $x \in \mathbf{R}$ 求得 X 的分布函数 $F(x)$,X 的分布 $P(X \in B)$ 也就完全确定了. 由此可见,分布函数完整地描述了随机变量的概率分布.

2. 离散型随机变量及其分布列

(1) 定义与性质

若随机变量 X 的可能取值仅有有限或可列个点,则称 X 为离散型随机变量,而称 X 取 $x_k(k=1,2,\cdots)$ 的概率,即

$$P(X = x_k) = p(x_k) = p_k \quad (k = 1, 2, \cdots) \tag{2.6}$$

为离散型随机变量 X 的概率分布或分布列. 分布列可以更直观地列成如表 2.1 所示的形式.

表 2.1　离散型随机变量的分布列

X	x_1	x_2	$\cdots$	x_k	$\cdots$
P	$p(x_1)$	$p(x_2)$	$\cdots$	$p(x_k)$	$\cdots$

分布列具有下面两条基本性质:

① $p(x_k) \geqslant 0 (k=1,2,\cdots)$;

② $\sum\limits_{k=1}^{\infty} p(x_k) = 1$.

(2) 常用离散型分布

① 二项分布 $B(n,p)$

$$P(X = k) = C_n^k p^k (1-p)^{n-k} \quad (k = 0, 1, 2, \cdots, n) \tag{2.7}$$

其中 $0 < p < 1$. 特别地,当 $n=1$ 时,称 $B(1,p)$ 为两点分布,即

$$P(X = k) = p^k (1-p)^{1-k} \quad (k = 0, 1) \tag{2.8}$$

显然,若 $X \sim B(n,p)$,则 $Y = n - X \sim B(n, 1-p)$.

② 超几何分布

$$P(X = k) = \frac{C_M^k C_{N-M}^{n-k}}{C_N^n} \quad (k = 0, 1, 2, \cdots, n) \tag{2.9}$$

其中 $n \leqslant M \leqslant N$.

③ 泊松分布 $\pi(\lambda)$

$$P(X = k) = \frac{\lambda^k \mathrm{e}^{-\lambda}}{k!} \quad (k = 0, 1, 2, \cdots; \lambda > 0) \tag{2.10}$$

注 (1) 有了分布列(2.6),就可以求出与 X 有关的任何事件的概率. 譬如,事件 $\{X \leqslant x\}$ 的概率,即 X 的分布函数

$$F(x) = \sum_{x_k \leqslant x} p(x_k) \tag{2.11}$$

它是一个右连续的阶梯函数，X 可能取的值 x_k 是 $F(x)$ 跳跃间断点，跳跃度为 $p(x_k)$. 由于分布列相当直观，所以我们用分布列来描述离散型随机变量的概率分布.

(2) 二项分布是最重要的离散型分布，它与常用分布的关系如下：

① 设随机变量 $X_1, X_2, \cdots, X_n$ 相互独立且同服从两点分布 $B(1, p)$，则

$$X_1 + X_2 + \cdots + X_n \sim B(n, p)$$

② 在产品抽样问题(见配套教材例 1.2.6)中，二项分布描述的是有放回抽样，而超几何分布描述的是无放回抽样. 有关超几何分布的概率计算问题相当麻烦. 不难证明，当 $N \to \infty, M/N \to p$ 时，有

$$\frac{C_M^k C_{N-M}^{n-k}}{C_N^n} \to C_n^k p^k (1-p)^{n-k}$$

因此，当 N 很大时，超几何分布可用二项分布 $B(n, p)$ 来近似. 直观上容易理解，当 N 很大时，无放回抽样和有放回抽样差不多.

③ 对二项分布 $B(n, p)$，当 n 很大时，利用二项分布的分布列计算相关概率比较繁琐，计算量很大，此时可用泊松分布或正态分布来近似计算. 若 p 很大或很小，则用泊松分布来近似可提高精度；若 p 大小适中，则用正态分布来近似效果更好(见中心极限定理).

3. 连续型随机变量及其密度函数

(1) 定义与性质

设随机变量 X 的分布函数为 $F(x)$，若存在非负可积函数 $f(x)$，使得

$$F(x) = \int_{-\infty}^{x} f(t) \mathrm{d}t \quad (-\infty < x < +\infty) \tag{2.12}$$

则称 X 为连续型随机变量，并称 $f(x)$ 为 X 的概率密度函数，简称密度函数.

密度函数具有下列两条基本性质：

① $f(x) \geqslant 0$；

② $\int_{-\infty}^{+\infty} f(x) \mathrm{d}x = 1$；

由式(2.12)可见，连续型随机变量的概率分布还具有下列性质：

③ 对任意实数 $a, b (a < b)$，有(见图 2.1)

$$P(a < X \leqslant b) = \int_a^b f(x) \mathrm{d}x \tag{2.13}$$

④ 在 $f(x)$ 的连续点处有

$$\frac{\mathrm{d}}{\mathrm{d}x} F(x) = f(x)$$

⑤ X 的分布函数 $F(x)$ 是连续函数.

⑥ 对任一实数 c 有

$$P(X = c) = F(c) - F(c - 0) = 0$$

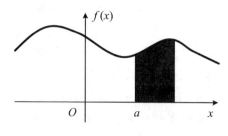

图 2.1

注 由性质③可见,有了密度函数 $f(x)$,就可求出 X 在任一区间上取值的概率,而 $f(x)$ 的图像比较直观,故可用密度函数描述连续型随机变量的概率分布. 由于连续型随机变量 X 取任一点的概率为 0,故在计算 X 在一个区间上取值的概率时,不必考虑区间端点的开与闭. 另外,概率为 0 的事件未必是不可能事件,概率为 1 的事件($P(X \neq c) = 1$)未必是必然事件.

(2) 常用连续型分布

① 正态分布 $N(\mu, \sigma^2)$

$$f(x) = \frac{1}{\sqrt{2\pi}\sigma} e^{-(x-\mu)^2/2\sigma^2} \quad (-\infty < x < +\infty) \tag{2.14}$$

其中 $-\infty < \mu < +\infty, \sigma > 0$.

特别地,当 $\mu = 0, \sigma = 1$ 时,称 $N(0, 1)$ 为标准正态分布,记其分布函数为 $\Phi(x)$,即

$$\Phi(x) = \frac{1}{\sqrt{2\pi}} \int_{-\infty}^{x} e^{-t^2/2} dt \tag{2.15}$$

显然,有

$$\Phi(-x) = 1 - \Phi(x) \tag{2.16}$$

当 $X \sim N(\mu, \sigma^2)$ 时,它的分布函数为

$$F(x) = \Phi\left(\frac{x-\mu}{\sigma}\right) \tag{2.17}$$

② 均匀分布 $U(a, b)$

$$f(x) = \begin{cases} \dfrac{1}{b-a}, & a < x < b \\ 0, & \text{其他} \end{cases} \quad (a < b) \tag{2.18}$$

③ 指数分布 $e(\lambda)$

$$f(x) = \begin{cases} \lambda e^{-\lambda x}, & x > 0 \\ 0, & \text{其他} \end{cases} \quad (\lambda > 0) \tag{2.19}$$

注 (1) 正态分布是最重要的连续型分布,它与其他分布的关系如下:

① 对于独立同分布的非正态变量,当 n 充分大时,$X_1 + X_2 + \cdots + X_n$ 的分布可用正态分布来近似(见中心极限定理).

② 许多重要的分布,如 χ^2 分布、t 分布、F 分布都是标准正态变量函数的分布(见抽样分布).

(2) 实际上还存在既非"离散型"又非"连续型"的随机变量(见例 2.3),即它的分布函数既不连续又不是阶梯函数. 它们大多数可表示为离散型和连续型随机变量的加权和. 我们对这种类型的随机变量不做进一步讨论.

4. 随机向量

(1) 二维随机变量及其分布函数

① 二维随机变量及联合分布函数

若 $X = X(\omega)$ 和 $Y = Y(\omega)$ 是定义在同一样本空间 $\Omega = \{\omega\}$ 上的两个随机变量,则称 (X, Y) 是一个二维随机变量或二维随机向量. 而称二元函数

$$F(x, y) = P(X \leqslant x, Y \leqslant y) \tag{2.20}$$

为 (X, Y) 的联合分布函数.

二维联合分布函数有与一维分布函数类似的性质:

(a) $F(x, y)$ 对每个变量都是单调不减的,并且是右连续的.

(b) $0 \leqslant F(x, y) \leqslant 1$ 且

$$F(-\infty, y) = F(x, -\infty) = F(-\infty, -\infty) = 0, \quad F(+\infty, +\infty) = 1$$

(c) 对任意实数 $x_1 < x_2, y_1 < y_2$,有

$$F(x_2, y_2) - F(x_1, y_2) - F(x_2, y_1) + F(x_1, y_1) \geqslant 0$$

上式左端就是随机点 (X, Y) 落在矩形区域 $\{(x, y) \mid x_1 < x \leqslant x_2, y_1 < y \leqslant y_2\}$ 上的概率 $P(x_1 < X \leqslant x_2, y_1 < Y \leqslant y_2)$,故不小于 0.

② 二维随机变量的边际分布函数

二维随机变量 (X, Y) 各分量的分布函数可由联合分布函数求得,称为边际分布函数,X 的边际分布函数为

$$F_X(x) = P(X \leqslant x) = P(X \leqslant x, Y \leqslant +\infty) = F(x, +\infty) \tag{2.21}$$

同理,Y 的边际分布函数为

$$F_Y(y) = F(+\infty, y) \tag{2.22}$$

(2) 二维离散型随机变量及其分布列

① 二维离散型随机变量及联合分布列

若二维随机变量 (X, Y) 可能取有限个或可列个数对 $(x_i, y_j)(i, j = 1, 2, \cdots)$,则称 (X, Y) 为二维离散型随机变量,并称 (X, Y) 取各数对的概率,即

$$P(X = x_i, Y = y_j) = p_{ij} \quad (i, j = 1, 2, \cdots) \tag{2.23}$$

为 (X, Y) 的联合分布列,也可用表 2.2 表示联合分布列.

表 2.2　二维离散型随机变量的概率分布

Y X	y_1	y_2	$\cdots$	y_j	$\cdots$	$P(X=x_i)$
x_1	p_{11}	p_{12}	$\cdots$	p_{1j}	$\cdots$	$p_1.$
x_2	p_{21}	p_{22}	$\cdots$	p_{2j}	$\cdots$	$p_2.$
$\vdots$	$\vdots$	$\vdots$		$\vdots$		$\vdots$
x_i	p_{i1}	p_{i2}	$\cdots$	p_{ij}	$\cdots$	$p_i.$
$\vdots$	$\vdots$	$\vdots$		$\vdots$		$\vdots$
$P(Y=y_j)$	$p._1$	$p._2$	$\cdots$	$p._j$	$\cdots$	1

联合分布列具有下面两个基本性质：

(a) $p_{ij} \geqslant 0 (i,j=1,2,\cdots)$；

(b) $\sum\limits_{i,j} p_{ij} = 1.$

有了联合分布列，对任意二维平面区域 B，都有

$$P((X,Y) \in B) = \sum_{(x_i,y_j) \in B} p_{ij} \tag{2.24}$$

② 二维离散型随机变量的边际分布列

二维离散型随机变量 (X,Y) 各分量的分布列可由联合分布列求得，称为边际分布列，分别为

$$P(X = x_i) = \sum_{j=1}^{\infty} p_{ij} = p_i. \quad (i = 1,2,\cdots) \tag{2.25}$$

$$P(Y = y_j) = \sum_{i=1}^{\infty} p_{ij} = p._j \quad (j = 1,2,\cdots) \tag{2.26}$$

式(2.25)和(2.26)恰好为表 2.2 按行与按列相加的结果，把它们分别写在表 2.2 的右边与下边，这也是边际分布列这个名称的由来.

(3) 二维连续型随机变量及其密度函数

① 二维连续型随机变量及联合密度函数

设二维随机变量 (X,Y) 的分布函数为 $F(x,y)$，若存在二元非负可积函数 $f(x,y)$，使得对任意实数 x,y，有

$$F(x,y) = \int_{-\infty}^{x} \int_{-\infty}^{y} f(u,v) \mathrm{d}u \mathrm{d}v \tag{2.27}$$

则称 (X,Y) 为二维连续型随机变量，并称 $f(x,y)$ 为 (X,Y) 的联合密度函数.

联合密度函数 $f(x,y)$ 具有下面两个基本性质：

(a) $f(x,y) \geqslant 0$；

(b) $\int_{-\infty}^{+\infty} \int_{-\infty}^{+\infty} f(x,y) \mathrm{d}x \mathrm{d}y = 1.$

与式(2.24)类似,若 B 为平面上的任一可积区域,则

$$P((X,Y) \in B) = \iint\limits_{B} f(x,y)\mathrm{d}x\mathrm{d}y \qquad (2.28)$$

在用式(2.28)计算概率时,由于 $f(x,y)>0$ 的范围可能是 $\mathbf{R}^2$ 中的某一区域 D,故积分实际是在 $B \cap D$ 区域上进行的(见例 2.5).

　　② 二维连续型随机变量的边际密度函数

二维连续型随机变量 (X,Y) 的各分量的密度函数可由联合密度函数 $f(x,y)$ 求得,称为边际密度函数,分别为

$$f_X(x) = \int_{-\infty}^{+\infty} f(x,y)\mathrm{d}y \qquad (2.29)$$

$$f_Y(y) = \int_{-\infty}^{+\infty} f(x,y)\mathrm{d}x \qquad (2.30)$$

在边际分布的计算公式中,注意 $f(x,y)>0$ 的范围可能是 $\mathbf{R}^2$ 中的某一区域 D. 如在式(2.29)的计算中,实际积分区间为 $D_x = \{y \mid (x,y) \in D\}$,即 D 在 $X=x$ 的截线上的区间,由此定出积分上下限,它们是 x 的函数(见例 2.5).

　　③ 两个常见的二维连续型分布

　　(a) 二维均匀分布

若二维随机变量 (X,Y) 的联合密度函数为

$$f(x,y) = \begin{cases} \dfrac{1}{A}, & (x,y) \in D \\ 0, & \text{其他} \end{cases} \qquad (2.31)$$

则称 (X,Y) 服从二维均匀分布,记为 $(X,Y) \sim U(D)$,其中 D 是 $\mathbf{R}^2$ 中的有界区域,其面积为 A.

若 $(X,Y) \sim U(D)$,则对 D 中任一(有面积的)子区域 B,有

$$P((X,Y) \in B) = \iint\limits_{B} f(x,y)\mathrm{d}x\mathrm{d}y = \iint\limits_{B \cap D} \frac{1}{A}\mathrm{d}x\mathrm{d}y = \frac{S_B}{A}$$

其中 S_B 为 B 的面积. 上式表明,二维随机点 (X,Y) 落入区域 B 的概率与 B 的面积成正比,而与 B 在 D 中的位置和形状无关. 换言之,随机点落在区域 D 内面积相等的子区域上的概率相等,简而言之,"等面积等概率". 这也是我们称之为均匀分布的原因.

　　(b) 二维正态分布

若二维随机变量 (X,Y) 的联合密度函数为

$$f(x,y) = \frac{1}{2\pi\sigma_1\sigma_2\sqrt{1-\rho^2}}\exp\left\{-\frac{1}{2(1-\rho^2)}\left[\frac{(x-\mu_1)^2}{\sigma_1^2}\right.\right.$$

$$\left.\left. -2\rho\frac{(x-\mu_1)(y-\mu_2)}{\sigma_1\sigma_2} + \frac{(y-\mu_2)^2}{\sigma_2^2}\right]\right\} \qquad (2.32)$$

则称(X,Y)服从二维正态分布,记为$(X,Y)\sim N(\mu_1,\mu_2,\sigma_1^2,\sigma_2^2,\rho)$,其中五个参数的取值范围分别为

$$-\infty<\mu_1,\mu_2<+\infty;\quad \sigma_1,\sigma_2>0;\quad -1\leqslant\rho\leqslant 1$$

二维正态分布的边际分布仍为正态分布,即若$(X,Y)\sim N(\mu_1,\mu_2,\sigma_1^2,\sigma_2^2,\rho)$,则$X\sim N(\mu_1,\sigma_1^2),Y\sim N(\mu_2,\sigma_2^2)$. 注意到两个边际分布与$\rho$无关,故对给定的$\mu_1,\mu_2$,$\sigma_1^2,\sigma_2^2$,当取不同的$\rho$时,$(X,Y)$的联合分布是不同的,但它们的边际分布却是相同的. 可见,联合分布唯一确定边际分布,但反之不真.

5. 随机变量的独立性

(1) 独立性的定义

设$F(x,y)$和$F_X(x),F_Y(y)$分别是二维随机变量(X,Y)的联合分布函数与边际分布函数,若对任意实数x,y,事件$\{X\leqslant x\}$与$\{Y\leqslant y\}$相互独立,即

$$F(x,y)=F_X(x)F_Y(y) \tag{2.33}$$

则称X与Y相互独立.

(2) 相互独立的充要条件

① 若(X,Y)为离散型随机变量,则X与Y相互独立的充要条件为

$$p_{ij}=p_{i\cdot}\,p_{\cdot j}\quad (i,j=1,2,\cdots) \tag{2.34}$$

其中p_{ij}和$p_{i\cdot},p_{\cdot j}$分别为(X,Y)的联合分布列和边际分布列.

② 若(X,Y)为连续型随机变量,则X与Y相互独立的充要条件为

$$f(x,y)=f_X(x)f_Y(y) \tag{2.35}$$

几乎处处成立,其中$f(x,y)$和$f_X(x),f_Y(y)$分别为联合密度函数和边际密度函数.

③ 若$(X,Y)\sim N(\mu_1,\mu_2,\sigma_1^2,\sigma_2^2,\rho)$,则$X$与$Y$相互独立的充要条件为$\rho=0$.

注 (1) 关于两个随机变量独立性的论述可以推广到有限多个随机变量的情形.

(2) 下面关于随机变量独立性的几个结论是明显的,也是有用的:

① 若$X_1,X_2,\cdots,X_n$是n个相互独立的随机变量,则其中的任意$m(2\leqslant m\leqslant n)$个随机变量也相互独立.

② 若随机向量X与Y相互独立,则它们各自的子向量也相互独立.

③ 若随机向量X与Y相互独立,则它们的函数

$$U=g(X)\quad 与\quad V=h(Y)$$

也相互独立,其中$g(\cdot)$和$h(\cdot)$是两个(分块)连续函数.

6. 随机变量函数的分布

(1) 一个随机变量函数的分布

① 离散型情形

设随机变量X的分布列为$P(X=x_k)=p(x_k)(k=1,2,\cdots)$,则$Y=g(X)$的分

布列为

$$P(Y = y_k) = \sum_{g(x_k) = y_k} p(x_k) \quad (k = 1, 2, \cdots)$$

上式的意思是：若 $g(x_k) = y_k (k = 1, 2, \cdots)$ 各不相等，则 $Y = g(X)$ 的分布列为 $P(Y = y_k) = p(x_k)$；若 $g(x_k) = y_k (k = 1, 2, \cdots)$ 中有相等的值，则把 Y 取这些相等的值的概率相加，作为 Y 取该值的概率，便可得到 $Y = g(X)$ 的分布列.

② 连续型情形

（a）分布函数法

已知随机变量 X 的密度函数为 $f_X(x)$，为了求出 $Y = g(X)$ 的密度函数，先求出 $Y = g(X)$ 的分布函数

$$F_Y(y) = P(Y \leqslant y) = P(g(X) \leqslant y) = \int_{g(x) \leqslant y} f_X(x) \mathrm{d}x$$

然后通过对 $F_Y(y)$ 求导得到 $Y = g(X)$ 的密度函数 $f_Y(y) = F_Y'(y)$.

（b）公式法

设随机变量 X 的密度函数为 $f_X(x)$，$y = g(x)$ 为严格单调函数，其反函数 $x = g^{-1}(y)$ 可导，记 (α, β) 为 $g(x)$ 的值域，则 $Y = g(X)$ 的密度函数为

$$f_Y(y) = \begin{cases} f_X(g^{-1}(y)) \cdot |(g^{-1}(y))'|, & \alpha < y < \beta \\ 0, & \text{其他} \end{cases} \tag{2.36}$$

（c）正态变量的线性函数仍为正态变量，即设 $X \sim N(\mu, \sigma^2)$，若常数 $a \neq 0$，则

$$aX + b \sim N(a\mu + b, (a\sigma)^2)$$

特别地，有

$$Y = \frac{X - \mu}{\sigma} \sim N(0, 1)$$

（2）两个随机变量函数的分布

① 一般方法

离散型情形和一维类似. 设二维随机变量 (X, Y) 的联合分布列为

$$P(X = x_i, Y = y_j) = p_{ij} \quad (i, j = 1, 2, \cdots)$$

则 $Z = g(X, Y)$ 的分布列为

$$P(Z = z_k) = \sum_{g(x_i, y_j) = z_k} p_{ij} \quad (k = 1, 2, \cdots)$$

对连续型情形，同样可以运用分布函数法：设二维随机变量 (X, Y) 的联合密度函数为 $f(x, y)$，为了求出 $Z = g(X, Y)$ 的密度函数，先求 $Z = g(X, Y)$ 的分布函数：

$$F_Z(z) = P(Z \leqslant z) = P(g(X, Y) \leqslant z) = \iint_{g(x, y) \leqslant z} f(x, y) \mathrm{d}x \mathrm{d}y$$

然后通过对 $F_Z(z)$ 求导得到 $Z = g(X, Y)$ 的密度函数 $f_Z(z) = F_Z'(z)$. 但是，这要比一维连续型情形复杂得多！

② 分布的可加性

(a) 二项分布的可加性：若 X_1 与 X_2 独立，且 $X_i \sim B(n_i, p)(i=1,2)$，则

$$X_1 + X_2 \sim B(n_1 + n_2, p)$$

(b) 泊松分布的可加性：若 X_1 与 X_2 独立，且 $X_i \sim \pi(\lambda_i)(i=1,2)$，则

$$X_1 + X_2 \sim \pi(\lambda_1 + \lambda_2)$$

(c) 正态分布的可加性：若 X_1 与 X_2 独立，且 $X_i \sim N(\mu_i, \sigma_i^2)(i=1,2)$，则

$$X_1 + X_2 \sim N(\mu_1 + \mu_2, \sigma_1^2 + \sigma_2^2)$$

注　设 $X_1, X_2, \cdots, X_n$ 相互独立，$X_i \sim N(\mu_i, \sigma_i^2)(i=1,2,\cdots,n)$，若 $a_1, a_2, \cdots,$ a_n 为不全为零的常数，b 是任意常数，则

$$Y = \sum_{i=1}^{n} a_i X_i + b \sim N\left(\sum_{i=1}^{n} a_i \mu_i + b, \sum_{i=1}^{n} a_i^2 \sigma_i^2\right) \tag{2.37}$$

简而言之，独立正态变量的线性组合仍为正态变量.

③ $U = \max\{X, Y\}$ 和 $V = \min\{X, Y\}$ 的分布

设 X 与 Y 相互独立，X 的分布函数为 $F_X(x)$，Y 的分布函数为 $F_Y(y)$，则 $U = \max\{X, Y\}$ 的分布函数为

$$F_U(u) = F_X(u) F_Y(u) \tag{2.38}$$

$V = \min\{X, Y\}$ 的分布函数为

$$F_V(v) = 1 - [1 - F_X(v)][1 - F_Y(v)] \tag{2.39}$$

若 $X_1, X_2, \cdots, X_n$ 相互独立，且有相同的密度函数 $f(x)$ 和分布函数 $F(x)$，则 $U = \max\{X_1, X_2, \cdots, X_n\}$ 的分布函数为

$$F_U(u) = F^n(u) \tag{2.40}$$

$V = \min\{X_1, X_2, \cdots, X_n\}$ 的分布函数为

$$F_V(v) = 1 - [1 - F(v)]^n \tag{2.41}$$

注　极值分布有很常用的实际背景. 例如，若由若干个元件（独立干工作）串联成电路系统，而每个元件的寿命 X_k 是一个随机变量，则该系统的寿命为元件组中最短的，即 $V = \min\{X_1, X_2, \cdots, X_n\}$（见例 2.7）；若由若干个元件（独立干工作）并联成电路系统，则该系统的寿命为元件组中最长的，即 $U = \max\{X_1, X_2, \cdots, X_n\}$. 又如，每年洪水水位高度是一个随机变量，而 100 年中洪水最高水位高度则是 U 变量，了解它的分布对抗洪救灾是十分重要的.

【典型例题解析】

例 2.1　将 3 个球随机地放入 4 个盒子中，盒子中容纳球的个数不限，试求放入 1 号盒子中球的个数 X 的分布列.

解法 1　X 可能的取值为 $0,1,2,3$,而将 3 个球随机地放入 4 个盒子中共有 4^3 种放法,1 号盒子中有 $k(k=0,1,2,3)$ 个球的放法有 $C_3^k \times 3^{3-k}$ 种. 于是,X 的分布列为

$$P(X=k) = \frac{C_3^k \times 3^{3-k}}{4^3} \quad (k=0,1,2,3)$$

即如表 2.3 所示.

表 2.3

X	0	1	2	3
P	27/64	27/64	9/64	1/64

解法 2　将一个球随机地放入 4 个盒子中,放入 1 号盒子中的概率为 $1/4$,故 X 服从参数为 $3,1/4$ 的二项分布,即 $X \sim B(3,1/4)$. 因此 X 的分布列为

$$P(X=k) = C_3^k \left(\frac{1}{4}\right)^k \left(\frac{3}{4}\right)^{3-k} \quad (k=0,1,2,3)$$

例 2.2　设随机变量 X 的分布函数为

$$F(x) = \begin{cases} 0, & x < -2 \\ 0.3, & -2 \leqslant x < -1 \\ 0.6, & -1 \leqslant x < 1 \\ 1, & x \geqslant 1 \end{cases}$$

令

$$Y = \sin\frac{\pi X}{12} \cos\frac{\pi X}{12}$$

试求 $|Y|$ 的分布函数.

解　由题设知,X 的分布列如表 2.4 所示.

表 2.4

X	-2	-1	1
P	0.3	0.3	0.4

注意到 $Y = \frac{1}{2}\sin\frac{\pi X}{6}$,故 $|Y|$ 的分布列如表 2.5 所示.

表 2.5

$|Y|$	1/4	$\sqrt{3}/4$
P	0.7	0.3

因此,$|Y|$ 的分布函数为

$$F(x) = \begin{cases} 0, & x < 1/4 \\ 0.7, & 1/4 \leqslant x < \sqrt{3}/4 \\ 1, & x \geqslant \sqrt{3}/4 \end{cases}$$

例 2.3 设随机变量 X 的绝对值不大于 1,且 $P(X=-1)=1/8, P(X=1)=1/4$;在事件 $\{-1<X<1\}$ 出现的条件下,X 在 $(-1,1)$ 内任一子区间取值的条件概率与该区间的长度成正比,试求 X 的分布函数.

解 由于 X 的绝对值不大于 1,故有

$$P(-1<X<1) = 1 - P(X=-1) - P(X=1) = 1 - \frac{1}{8} - \frac{1}{4} = \frac{5}{8}$$

由题意知,对任意 $x \in (-1,1)$,有

$$P(-1<X\leqslant x \mid -1<X<1) = k(x+1)$$

其中 k 为待定系数. 对上式两边关于 x 取 1 的左极限得 $k=1/2$,因此有

$$\frac{1}{2}(x+1) = P(-1<X\leqslant x \mid -1<X<1)$$

$$= \frac{P(-1<X\leqslant x)}{P(-1<X<1)} = \frac{P(-1<X\leqslant x)}{5/8}$$

由上式可得

$$P(-1<X\leqslant x) = \frac{5x+5}{16}$$

从而得

$$F(x) = P(X\leqslant x) = P(X\leqslant -1) + P(-1<X\leqslant x) = \frac{1}{8} + \frac{5x+5}{16} = \frac{5x+7}{16}$$

于是 X 的分布函数为

$$F(x) = \begin{cases} 0, & x < -1 \\ \dfrac{5x+7}{16}, & -1 \leqslant x < 1 \\ 1, & x \geqslant 1 \end{cases}$$

注 本例中的分布函数既不是阶梯函数,也不是连续函数. 因此,X 既不是离散型随机变量,也不是连续型随机变量.

例 2.4 在电源电压处于不超过 200 V,200~240 V,超过 240 V 三种情况下,某种电子元件损坏的概率分别为 0.1,0.001,0.2. 假定电源电压 $X \sim N(220, 25^2)$.

(1) 求电子元件损坏的概率;

(2) 求当某个电子元件损坏时,电源电压在 200~240 V 之间的概率;

(3) 设在某仪器上装有 3 个该种电子元件,若它们相互独立,且当至少有 2 个未损坏时仪器正常工作,求仪器正常工作的概率.

解 (1) 令 $A=$"电子元件损坏",$B_1=\{X\leqslant 200\}, B_2=\{200<X\leqslant 240\}, B_3=$

$\{X>240\}$，则 B_1,B_2,B_3 构成完备事件组. 由于 $X\sim N(220,25^2)$，故

$$P(B_1) = P(X\leqslant 200) = \Phi\left(\frac{200-220}{25}\right) = 1-\Phi(0.8)\approx 0.2119$$

$$P(B_2) = P(200<X\leqslant 240) = \Phi\left(\frac{240-220}{25}\right)-\Phi\left(\frac{200-220}{25}\right)$$

$$= 2\Phi(0.8)-1 = 0.5762$$

$$P(B_3) = P(X>240) = 1-\Phi\left(\frac{240-220}{25}\right) = 1-\Phi(0.8)\approx 0.2119$$

由题设知

$$P(A|B_1) = 0.1,\quad P(A|B_2) = 0.01,\quad P(A|B_3) = 0.2$$

故由全概率公式可得

$$P(A) = \sum_{i=1}^{3} P(B_i)P(A|B_i) = 0.0641$$

（2）所求概率为

$$P(B_2|A) = \frac{P(B_2)P(A|B_2)}{P(A)} = \frac{0.5762\times 0.001}{0.0641}\approx 0.0090$$

（3）令 Y 为电子元件损坏的个数，则 $Y\sim B(3,p)$，其中 $p=0.0641$. 因此，所求概率为

$$P(Y\leqslant 1) = P(Y=0)+P(Y=1) = (1-p)^3+3p\,(1-p)^2 = 0.9882$$

例 2.5　设 (X,Y) 是服从区域 $D=\{(x,y)\,|\,0\leqslant y\leqslant 1-x^2\}$ 上的均匀分布.

（1）求 (X,Y) 的联合密度函数；

（2）求 X 和 Y 的边际密度函数；

（3）判断 X 与 Y 是否独立；

（4）记 $B=\{(x,y)\,|\,y\geqslant x^2\}$，求概率 $P((X,Y)\in B)$.

解　（1）由于区域 D 由曲线 $y=1-x^2$ 与直线 $y=0$ 围成（见图 2.2），故其面积为

$$S_D = \int_{-1}^{1}(1-x^2)\mathrm{d}x = \frac{4}{3}$$

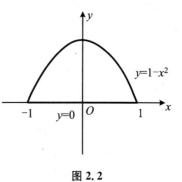

图 2.2

因此 (X,Y) 的联合密度函数为

$$f(x,y) = \begin{cases} \dfrac{3}{4}, & 0\leqslant y\leqslant 1-x^2 \\ 0, & \text{其他} \end{cases}$$

（2）X 的边际密度函数为

$$f_X(x) = \int_{-\infty}^{+\infty} f(x,y)\mathrm{d}y = \begin{cases} \displaystyle\int_0^{1-x^2}\dfrac{3}{4}\mathrm{d}y, & -1<x<1 \\ 0, & \text{其他} \end{cases}$$

$$= \begin{cases} \dfrac{3}{4}(1-x^2), & -1 < x < 1 \\ 0, & \text{其他} \end{cases}$$

Y 的边际密度函数为

$$f_Y(y) = \int_{-\infty}^{+\infty} f(x,y)\,\mathrm{d}x = \begin{cases} \displaystyle\int_{-\sqrt{1-y}}^{\sqrt{1-y}} \dfrac{3}{4}\,\mathrm{d}x, & 0 < y < 1 \\ 0, & \text{其他} \end{cases}$$

$$= \begin{cases} \dfrac{3}{2}\sqrt{1-y}, & 0 < y < 1 \\ 0, & \text{其他} \end{cases}$$

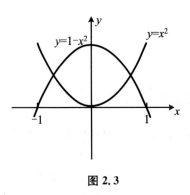

图 2.3

(3) 显然,在区域 D 上,即当 $0 \leqslant y \leqslant 1-x^2$ 时,

$$f(x,y) \neq f_X(x)f_Y(y)$$

故 X 与 Y 不独立.

(4) 注意到 $f(x,y) > 0$ 的区域 D 与 B 交集由曲线 $y=1-x^2$ 与 $y=x^2$ 围成(见图 2.3),故所求概率为

$$P((X,Y) \in B) = \iint_B f(x,y)\,\mathrm{d}x\mathrm{d}y = \iint_{B \cap D} \dfrac{3}{4}\,\mathrm{d}x\mathrm{d}y$$

$$= \int_{-1/\sqrt{2}}^{1/\sqrt{2}} \mathrm{d}x \int_{x^2}^{1-x^2} \dfrac{3}{4}\,\mathrm{d}y = \dfrac{\sqrt{2}}{2}$$

例 2.6　设随机变量 X 与 Y 相互独立,其联合分布列如表 2.6 所示.

表 2.6

Y X	1	2	3	4
1	a	0.16	b	0.10
2	0.09	c	0.12	0.15

试确定常数 a,b,c.

解　由 X 与 Y 的联合分布列可得它们的边际分布列,如表 2.7 所示.

表 2.7

Y X	1	2	3	4	$P(X=i)$
1	a	0.16	b	0.10	$a+b+0.26$
2	0.09	c	0.12	0.15	$c+0.36$
$P(Y=j)$	$a+0.09$	$c+0.16$	$b+0.12$	0.25	1

因 X 与 Y 独立,故有
$$c = (c+0.16)(c+0.36)$$
$$a+b+c+0.62 = 1$$
$$a = (a+0.09)(a+b+0.26)$$

求解上述三个关于 a,b,c 的方程,可得 $a=0.06,b=0.08,c=0.24$. 经验证,当 a, b,c 取这些值时,X 与 Y 独立. 因此上述 a,b,c 即为所求.

例 2.7　一个电路装有 3 个同型号电子元件,它们的工作状态相互独立,且无故障工作时间均服从参数为 $\lambda(\lambda>0)$ 的指数分布. 若这 3 个电子元件在电路中呈串联方式,试求电路正常(即无故障)工作时间 T 的密度函数.

解　设 X_1,X_2,X_3 表示 3 个元件无故障工作时间,则 $T=\min\{X_1,X_2,X_3\}$. 故由式(2.41)可得 T 的分布函数为
$$F_T(t) = 1-[1-F(t)]^3$$
由题设知,$X_i(i=1,2,3)$ 的分布函数为
$$F(t) = \begin{cases} 1-\mathrm{e}^{-\lambda t}, & t>0 \\ 0, & t\leqslant 0 \end{cases}$$
因此
$$F_T(t) = \begin{cases} 1-\mathrm{e}^{-3\lambda t}, & t>0 \\ 0, & t\leqslant 0 \end{cases}$$
由此可得 T 的密度函数为
$$f_T(t) = \frac{\mathrm{d}F_T(t)}{\mathrm{d}t} = \begin{cases} 3\lambda\mathrm{e}^{-3\lambda t}, & t>0 \\ 0, & t\leqslant 0 \end{cases}$$

例 2.8　设随机变量 $X\sim U(-\pi/2,\pi/2)$,试求下列 X 的函数 Y 的密度函数:
(1) $Y=\sin X$;　　　(2) $Y=|\sin X|$.

解　(1) 由于 $y=\sin x$ 在 $(-\pi/2,\pi/2)$ 上为严格单调函数,值域为 $(-1,1)$,反函数 $x=\arcsin y$,且 $x'_y=\dfrac{1}{\sqrt{1-y^2}}$,故由公式(2.36)可得 Y 的密度函数为
$$f_Y(y) = \begin{cases} \dfrac{1}{\pi\sqrt{1-y^2}}, & -1<y<1 \\ 0, & \text{其他} \end{cases}$$

(2) 当 X 在 $(-\pi/2,\pi/2)$ 取值时,$Y=|\sin x|$ 取值于 $[0,1)$. 注意到 $Y=|\sin x|$ 在 $(-\pi/2,\pi/2)$ 上为非单调函数,用分布函数法:当 $y\leqslant 0$ 时,Y 的分布函数 $F_Y(y)=0$,当 $y\geqslant 1$ 时,$F_Y(y)=1$,当 $0<y<1$ 时,有
$$F_Y(y) = P(Y\leqslant y) = P(|\sin X|\leqslant y) = P(-y\leqslant \sin X\leqslant y)$$
$$= P(-\arcsin y\leqslant X\leqslant \arcsin y)$$
$$= 2\int_0^{\arcsin y} \frac{1}{\pi}\mathrm{d}x = \frac{2}{\pi}\arcsin y$$

于是 Y 的密度函数为

$$f_Y(y) = \begin{cases} \dfrac{2}{\pi\sqrt{1-y^2}}, & 0 < y < 1 \\ 0, & \text{其他} \end{cases}$$

例 2.9　试用概率论的思想方法证明

$$\sum_{i=0}^{k} C_n^i C_m^{k-i} = C_{n+m}^k \quad (k \leqslant n, m)$$

证明　设有 $n+m$ 件产品,其中 n 件正品、m 件次品,从中不放回地抽取 k 件产品,则抽到次品的个数 X 的分布列为

$$P(X = i) = \frac{C_m^i C_n^{k-i}}{C_{n+m}^k} \quad (i = 0, 1, 2, \cdots, k)$$

此时称 X 服从超几何分布. 由分布列的性质知

$$\sum_{i=0}^{k} \frac{C_m^i C_n^{k-i}}{C_{n+m}^k} = \sum_{i=0}^{k} P(X = i) = 1$$

由此可得所要证明的恒等式.

例 2.10　试用概率论的思想方法证明:当 $a > 0$ 时,有

$$\frac{1}{\sqrt{2\pi}} \int_{-a}^{a} e^{-x^2/2} dx \leqslant \sqrt{1 - e^{-a^2}}$$

证明　从被积函数可见,可利用正态分布的概率计算来证明这个不等式. 为此,设随机变量 X 与 Y 相互独立,且有共同的分布 $N(0,1)$,则它们的联合密度函数为

$$f(x, y) = \frac{1}{2\pi} e^{-(x^2+y^2)/2}$$

考虑平面区域 $D = \{(x,y): |x| \leqslant a, |y| \leqslant a\}$,$S = \{(x,y): x^2 + y^2 \leqslant 2a^2\}$,如图 2.4 所示. 显然有

$$\iint_D f(x, y) dx dy \leqslant \iint_S f(x, y) dx dy$$

把上述不等式左边的积分化为累次积分:

$$\iint_D f(x, y) dx dy = \frac{1}{2\pi} \int_{-a}^{a} e^{-x^2/2} dx \int_{-a}^{a} e^{-y^2/2} dy = \left(\frac{1}{\sqrt{2\pi}} \int_{-a}^{a} e^{-x^2/2} dx \right)^2$$

对于不等式右边的积分,利用极坐标变换:$x = r\cos\theta$,$y = r\sin\theta$,有

$$\iint_S f(x, y) dx dy = \iint_S \frac{1}{2\pi} e^{-(x^2+y^2)/2} dx dy = \frac{1}{2\pi} \int_0^{2\pi} d\theta \int_0^{\sqrt{2}a} r e^{-r^2/2} dr$$

$$= \frac{1}{2\pi} \times 2\pi \times (-e^{-r^2/2}) \Big|_0^{\sqrt{2}a} = 1 - e^{-a^2}$$

由此可得

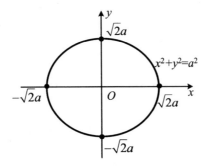

图 2.4

$$\left(\frac{1}{\sqrt{2\pi}}\int_{-a}^{a}\mathrm{e}^{-x^2/2}\mathrm{d}x\right)^2\leqslant 1-\mathrm{e}^{-a^2}$$

即

$$\frac{1}{\sqrt{2\pi}}\int_{-a}^{a}\mathrm{e}^{-x^2/2}\mathrm{d}x\leqslant\sqrt{1-\mathrm{e}^{-a^2}}$$

【习题选解】

5. 设自动生产线在调整以后出现不合格品的概率为 0.1,当生产过程中出现不合格品时立即进行调整,以 X 表示在两次调整之间生产的产品数,试求:

(1) X 的分布列;　　(2) X 不小于 4 的概率.

解　(1) 自动生产线在两次调整之间生产的产品应互不影响,利用独立性,可得 X 的分布列为

$$P(X=k)=(1-0.1)^{k-1}\times 0.1=0.1\times 0.9^{k-1}\quad(k=1,2,\cdots)$$

(2) 所求概率为

$$P(X\geqslant 4)=1-P(X=1)-P(X=2)-P(X=3)$$
$$=1-0.1-0.1\times 0.9-0.1\times 0.9^2$$
$$=0.729$$

注　将伯努利试验(试验只有两个结果 A 与 $\bar{A}$,$P(A)=p(0<p<1)$)独立重复进行下去,直到 A 发生为止,所需要进行的试验次数 X 的分布列为

$$P(X=k)=(1-p)^{k-1}p\quad(k=1,2,\cdots)$$

称 X 服从参数为 p 的几何分布,记作 $X\sim G(p)$. 可见本题中的 X 服从参数为 0.1 的几何分布,即 $X\sim G(0.1)$.

9. 两名篮球队员轮流投篮,直到某人投中时为止,若第一名队员投中的概率

为 0.4,第二名队员投中的概率为 0.6,求每名队员投篮次数的分布列.

解 不妨设第一名队员先投篮,并以 X_i 表示"第 $i(i=1,2)$ 名队员投篮次数",则事件$\{X_1=k\}$表示第一名队员投篮 k 次,它有两种可能的情形:第一名队员第 k 次投中(用 A 表示),或第一名队员第 k 次没投中而第二名队员第 k 次投中(用 B 表示). 故 $P(X_1=k)=P(A)+P(B)$,而 $P(A)=0.6^{k-1}0.4^k$,$P(B)=0.6^{k+1}0.4^{k-1}$. 因此,有

$$P(X_1=k)=0.76\times0.24^{k-1}\quad(k=1,2,\cdots)$$

同理可得

$$P(X_2=k)=0.76\times0.6^k\times0.4^{k-1}=0.456\times0.24^{k-1}\quad(k=1,2,\cdots)$$

14. 某厂生产的每台仪器,可以直接出厂的概率为 0.70,需进一步调试的概率为 0.30. 仪器经调试后,可以出厂的概率为 0.80,由于不合格而不能出厂的概率为 0.20. 现该厂生产了 $n(n\geqslant2)$ 台仪器(假设各台仪器的生产过程相互独立),以 X 表示"生产的 n 台仪器中可以出厂的台数",试求:

(1) X 的分布列;

(2) 当 $n=10$ 时,至少有 2 台仪器不能出厂的概率.

解 (1) 依题意 $X\sim B(n,p)$,其中 p 为仪器能出厂的概率. 为了求出 p 的值,令 $A=$"仪器可以直接出厂",$B=$"仪器经调试后出厂",$C=$"仪器能出厂",则

$$C=A\bigcup\bar{A}B$$

由题设知

$$P(A)=0.70,\quad P(\bar{A})=0.30,\quad P(B|\bar{A})=0.80$$

故

$$p=P(C)=P(A)+P(\bar{A}B)=P(A)+P(\bar{A})P(B|\bar{A})$$
$$=0.70+0.30\times0.80=0.94$$

因此,X 的分布列为

$$P(X=k)=C_n^k\times0.94^k\times0.06^{n-k}\quad(k=0,1,2,\cdots,n)$$

(2) 以 Y 表示"生产的 n 台仪器不能出厂的台数",则 $Y=n-X\sim B(n,0.06)$,于是所求概率为

$$P(Y\geqslant2)=1-P(Y<2)=1-P(Y=0)-P(Y=1)$$
$$=1-0.94^{10}-C_{10}^1\times0.06^1\times0.94^9$$
$$=0.1176$$

16. 已知 X 的密度函数为 $f(x)=Ae^{-|x|}(-\infty<x<+\infty)$,试求:

(1) 常数 A; (2) $P(-1<X<1)$; (3) X 的分布函数 $F(x)$.

解 (1) 由规范性

$$1=\int_{-\infty}^{+\infty}Ae^{-|x|}\mathrm{d}x=2\int_0^{\infty}Ae^{-x}\mathrm{d}x=2A$$

得 $A = \dfrac{1}{2}$.

（2）所求概率为

$$P(-1 < X < 1) = \frac{1}{2} \int_{-1}^{1} e^{-|x|} dx = \int_{0}^{1} e^{-x} dx = 1 - e^{-1}$$

（3）按定义，有

$$F(x) = \frac{1}{2} \int_{-\infty}^{x} e^{-|t|} dt = \begin{cases} \dfrac{1}{2} \displaystyle\int_{-\infty}^{x} e^{t} dt, & x < 0 \\ \dfrac{1}{2} \left(\displaystyle\int_{-\infty}^{0} e^{t} dt + \int_{0}^{x} e^{-t} dt \right), & x \geqslant 0 \end{cases}$$

$$= \begin{cases} \dfrac{1}{2} e^{x}, & x < 0 \\ 1 - \dfrac{1}{2} e^{-x}, & x \geqslant 0 \end{cases}$$

23. 某地区学生高考个人总分 X 服从正态分布 $N(400, 100^2)$，在 2000 名考生中录取了 300 名，试问该地区考生被录取至少要考多少分？

解　设该地区考生的录取最低分数线为 a，由频率与概率的关系，有

$$\frac{300}{2000} \approx P(X \geqslant a) = 1 - \Phi\left(\frac{a - 400}{100}\right)$$

即

$$\Phi\left(\frac{a - 400}{100}\right) = 1 - \frac{3}{20} = 0.85$$

查表得

$$\frac{a - 400}{100} \approx 1.04$$

由此得 $a \approx 504$.

可见，该地区考生被录取至少要考 504 分.

26. 某大学非数学专业学生的"概率统计"考试成绩（百分制）服从正态分布 $N(\mu, \sigma^2)$，考试成绩 75 分以下者占 34%，90 分以上者占 14%，求参数 μ, σ.

解　由题设知，该大学非数学专业学生的"概率统计"考试成绩 $X \sim N(\mu, \sigma^2)$，利用频率与概率的关系，可得

$$0.34 \approx P(X \leqslant 75) = \Phi\left(\frac{75 - \mu}{\sigma}\right), \quad 0.14 \approx P(X \geqslant 90) = 1 - \Phi\left(\frac{90 - \mu}{\sigma}\right)$$

或

$$\Phi\left(\frac{\mu - 75}{\sigma}\right) \approx 0.66, \quad \Phi\left(\frac{90 - \mu}{\sigma}\right) \approx 0.86$$

查表得

$$\frac{\mu - 75}{\sigma} \approx 0.41, \quad \frac{90 - \mu}{\sigma} \approx 1.08$$

由此可得 $\mu \approx 79, \sigma \approx 10$，即该大学非数学专业学生的"概率统计"考试成绩服从正态分布 $N(79, 10^2)$.

27. 顾客在某银行窗口等待服务的时间 X（单位：min）服从参数为 $1/5$ 的指数分布. 某顾客在窗口等待服务，若等待时间超过 10 min，他就离开. 他一个月要去银行 5 次，以 Y 表示他一个月内未等到服务而离开窗口的次数，试写出 Y 的分布列，并计算 $P(Y \geqslant 1)$ 的概率.

解 由题设知 $X \sim e(1/5); Y \sim B(5, p)$，其中

$$p = P(X > 10) = \frac{1}{5} \int_{10}^{+\infty} e^{-x/5} dx = e^{-2}$$

由此可得 Y 的分布列为

$$P(Y = k) = C_5^k e^{-2k} (1 - e^{-2})^{5-k} \quad (k = 0, 1, 2, 3, 4, 5)$$

而所求概率为

$$P(Y \geqslant 1) = 1 - P(Y = 0) = 1 - (1 - e^{-2})^5$$
$$\approx 0.5167$$

30. 盒子中装有 3 个黑球、2 个白球和 2 个红球，从中任取 4 个，以 X 表示取到黑球的个数，以 Y 表示取到白球的个数，试求 (X, Y) 的联合分布列及边际分布列，并计算概率 $P(X = Y)$.

解 先求 (X, Y) 的联合分布列，这是古典概型问题. 我们有

$$P(X = i, Y = j) = \frac{C_3^i C_2^j C_2^{4-i-j}}{C_7^4} \quad (i = 0, 1, 2, 3; j = 0, 1, 2)$$

(X, Y) 的联合分布列也可列成表格，X 与 Y 的边际分布可由该表格按行、按列相加得到，具体如表 2.8 所示.

表 2.8

Y＼X	0	1	2	3	$P(Y = y_j)$
0	0	0	3/35	2/35	1/7
1	0	6/35	12/35	2/35	4/7
2	1/35	6/35	3/35	0	2/7
$P(X = x_i)$	1/35	12/35	18/35	4/35	1

下面计算概率 $P(X = Y)$，这可由联合分布列求得

$$P(X = Y) = P(X = 0, Y = 0) + P(X = 1, Y = 1) + P(X = 2, Y = 2)$$
$$= 0 + \frac{6}{35} + \frac{3}{35} = \frac{9}{35}$$

33. 设二维连续型随机变量 (X, Y) 的联合密度函数和边际密度函数分别为

$f(x,y),f_X(x)$ 和 $f_Y(y)$,则 X 与 Y 独立的充要条件是

$$f(x,y) = f_X(x)f_Y(y)$$

几乎处处成立.

　　证明　设 (X,Y) 的联合分布函数和边际分布函数分别为 $F(x,y),F_X(x)$ 和 $F_Y(y)$,则 X 与 Y 独立,即对任意 $x,y \in \mathbf{R}$,有

$$F(x,y) = F_X(x)F_Y(y)$$

亦即

$$\int_{-\infty}^{x} \int_{-\infty}^{y} f(u,v)\mathrm{d}u\mathrm{d}v = \int_{-\infty}^{x} f_X(u)\mathrm{d}u \cdot \int_{-\infty}^{y} f_Y(v)\mathrm{d}v$$

$$= \int_{-\infty}^{x} \int_{-\infty}^{y} f_Y(v) \cdot f_X(u)\mathrm{d}u\mathrm{d}v$$

上式成立的充要条件是

$$f(x,y) = f_X(x)f_Y(y)$$

几乎处处成立.

　　37. 设 X 与 Y 的分布列分别如表 2.9、表 2.10 所示,且 $P(XY=0)=1$.

表 2.9

X	-1	0	1
P	1/4	1/2	1/4

表 2.10

Y	0	1
P	1/2	1/2

　　(1) 求 (X,Y) 的联合分布列;

　　(2) 问 X 与 Y 是否相互独立?

　　解　(1) 由 $P(XY=0)=1$ 知

$$P(X=-1,Y=1) = P(X=1,Y=1) = 0$$

而由联合分布与边际分布的关系可得

$$P(X=0,Y=1) = \frac{1}{2}$$

$$P(X=0,Y=0) = 0$$

$$P(X=-1,Y=0) = P(X=1,Y=0) = \frac{1}{4}$$

将 (X,Y) 的联合分布列与边际分布列用表 2.11 表示.

表 2.11

Y ＼ X	-1	0	1	$P(X=x_i)$
0	1/4	0	1/4	1/2
1	0	1/2	0	1/2
$P(Y=y_j)$	1/4	1/2	1/4	1

(2) 由上面表格可见,X 与 Y 不独立,这是因为

$$P(X=0,Y=0)=0\neq\frac{1}{2}\cdot\frac{1}{2}=P(Y=0)P(Y=0)$$

39. 设随机变量 X 与 Y 相互独立,$X\sim U(0,1)$,$Y\sim e(1/2)$.

(1) 求 X 与 Y 的联合密度函数;

(2) 设关于 a 的二次方程为 $a^2+2Xa+Y=0$,求 a 有实根的概率.

解　(1) 因 X 与 Y 独立,故联合密度函数为

$$f(x,y)=\begin{cases}\dfrac{1}{2}\mathrm{e}^{-y/2}, & 0<x<1,y>0 \\ 0, & \text{其他}\end{cases}$$

(2) 要使 a 有实根,必须 $(2X)^2-4Y\geqslant0$,即 $X^2\geqslant Y$,故所求概率为

$$P(X^2\geqslant Y)=\iint\limits_{x^2\geqslant y}f(x,y)\mathrm{d}x\mathrm{d}y=\frac{1}{2}\int_0^1\mathrm{d}x\int_0^{x^2}\mathrm{e}^{-y/2}\mathrm{d}y=\int_0^1(1-\mathrm{e}^{-x^2/2})\mathrm{d}x$$

$$=1-\sqrt{2\pi}(\Phi(1)-\Phi(0))$$

$$=0.1445$$

45. 设 X_1 与 X_2 相互独立且分别服从参数为 λ_1 和 λ_2 的泊松分布,证明:$Y=X_1+X_2$ 服从参数为 $\lambda_1+\lambda_2$ 的泊松分布.

证明　由题设知,$X_i(i=1,2)$ 的分布列为

$$P(X_i=k)=\frac{\lambda_i^k\mathrm{e}^{-\lambda_i}}{k!}\quad(k=0,1,2,\cdots)$$

注意到 X_1 与 X_2 独立,故有

$$P(Y=k)=P(X_1+X_2=k)=\sum_{j=0}^k P(X_1=j,X_2=k-j)$$

$$=\sum_{j=0}^k P(X_1=j)P(X_2=k-j)=\sum_{j=0}^k\frac{\lambda_1^j\mathrm{e}^{-\lambda_1}}{j!}\cdot\frac{\lambda_2^{(k-j)}\mathrm{e}^{-\lambda_2}}{(k-j)!}$$

$$=\frac{(\lambda_1+\lambda_2)^k\mathrm{e}^{-(\lambda_1+\lambda_2)}}{k!}\sum_{j=0}^k\mathrm{C}_k^j\left(\frac{\lambda_1}{\lambda_1+\lambda_2}\right)^j\left(\frac{\lambda_2}{\lambda_1+\lambda_2}\right)^{k-j}$$

$$=\frac{(\lambda_1+\lambda_2)^k\mathrm{e}^{-(\lambda_1+\lambda_2)}}{k!}\left(\frac{\lambda_1}{\lambda_1+\lambda_2}+\frac{\lambda_2}{\lambda_1+\lambda_2}\right)^k$$

$$=\frac{(\lambda_1+\lambda_2)^k\mathrm{e}^{-(\lambda_1+\lambda_2)}}{k!}\quad(k=0,1,2,\cdots)$$

因此,$Y=X_1+X_2$ 服从参数为 $\lambda_1+\lambda_2$ 的泊松分布.

【自测题】

1. 单项选择题

(1) 设 $F_1(x)$ 与 $F_2(x)$ 分别为随机变量 X_1 与 X_2 的分布函数,为使
$$F(x) = aF_1(x) - bF_2(x)$$
是某个随机变量的分布函数,则在下列各组数中应选取(　　).

　　A. $a=3/5, b=-2/5$　　　　　　B. $a=2/3, b=2/3$

　　C. $a=-1/2, b=3/2$　　　　　　D. $a=1/2, b=-3/2$

(2) 若随机变量 X 服从参数为 λ 的指数分布,则下列陈述错误的是(　　).

　　A. $F(x)=\begin{cases}1-e^{-\lambda x}, & x\geqslant 0 \\ 0, & x<0\end{cases}$

　　B. 当 $x>0$ 时,有 $P(X>x)=e^{-\lambda x}$

　　C. 当 $s>0, t>0$ 时,有 $P(X>s+t\,|\,X>s)=P(X>t)$

　　D. λ 为任意实数

(3) 设随机变量 $X \sim N(\mu, 4)$,则(　　).

　　A. $\dfrac{X-\mu}{4} \sim N(0,1)$　　　　　　B. $P(X<0)=\dfrac{1}{2}$

　　C. $P(X-\mu>2)=1-\Phi(1)$　　　　D. $\mu \geqslant 0$

(4) 设随机变量 X 的密度函数为 $f_X(x)$,则 $Y=-2X+3$ 的密度函数为
(　　).

　　A. $-\dfrac{1}{2}f_X\left(-\dfrac{y-3}{2}\right)$　　　　　　B. $\dfrac{1}{2}f_X\left(-\dfrac{y-3}{2}\right)$

　　C. $-\dfrac{1}{2}f_X\left(-\dfrac{y+3}{2}\right)$　　　　　　D. $\dfrac{1}{2}f_X\left(-\dfrac{y+3}{2}\right)$

(5) 设随机变量 X 与 Y 独立分布,$P(X=-1)=P(Y=-1)=1/2$,$P(X=1)$ $=P(Y=1)=1/2$,则下列各式中成立的是(　　).

　　A. $P(X=Y)=1/2$　　　　　B. $P(X=Y)=1$

　　C. $P(X+Y=0)=1/4$　　　　D. $P(XY=1)=1/4$

2. 填空题

(1) 设随机变量 X 的分布函数为
$$F(x)=\begin{cases}0, & x<0 \\ 1/2, & 0\leqslant x<1 \\ 1-e^{-x}, & x\geqslant 1\end{cases}$$

则 $P(X=1)=$ _____.

(2) 设随机变量 X 的分布列为

$$P(X=k) = a \cdot \frac{2^k}{k!} \quad (k = 0,1,2,\cdots)$$

则常数 $a=$ _____.

(3) 设随机变量 $X \sim N(\mu, \sigma^2)$,且关于 t 的二次方程 $t^2+4t+X=0$ 无实根的概率为 $1/2$,则 $\mu=$ _____.

(4) 设随机变量 $X \sim U(0,3)$,若以 Y 表示对 X 的三次独立观测中事件 $\{X<1\}$ 出现的次数,则 $P(Y=2)=$ _____.

(5) 设随机变量 X 与 Y 相互独立,且都服从区间 $(0,1)$ 上的均匀分布,则 $P(X^2+Y^2 \leqslant 1)=$ _____.

3. 盒中有 5 只同样大小的球,编号分别为 1,2,3,4,5. 从中任取 3 个球,以 X 表示取出的球的最小号码,求 X 的分布列和分布函数.

4. 设连续型随机变量 X 的分布函数为

$$F(x) = \begin{cases} A + Be^{-2x}, & x > 0 \\ 0, & x \leqslant 0 \end{cases}$$

(1) 求 A,B 的值;

(2) 求 $P(-1<X<1)$;

(3) 求 $Y=1/X$ 的密度函数.

5. 设测量误差 X(单位:m)的密度函数为 $f(x)=ke^{-x^2/200} \ (-\infty<x<+\infty)$.

(1) 求常数 k;

(2) 求在 100 次独立重复测量中,至少有三次测量误差的绝对值大于 19.6 m 的概率 p,并利用泊松近似算出 p 的近似值.

6. 设随机变量 X 与 Y 相互独立,表 2.12 列出了二维随机变量 (X,Y) 的联合分布列和边际分布列中的部分数值,试将其余数值填入表 2.12 空白处.

表 2.12

X \ Y	y_1	y_2	y_3	$P(X=x_i)=p_i.$
x_1		1/8		
x_2	1/8			
$P(Y=y_j)=p._j$	1/6			1

7. 设二维随机变量 (X,Y) 联合密度函数为

$$f(x,y) = \begin{cases} cxy^2, & 0<x<1, 0<y<1 \\ 0, & \text{其他} \end{cases}$$

（1）求出常数 c；

（2）判断 X 与 Y 是否独立；

（3）计算概率 $P(X \leqslant Y)$.

8. 设随机变量 X 与 Y 独立，X 服从区间 $(0,0.2)$ 上的均匀分布，Y 服从参数为 5 的指数分布，试求：

（1）X 与 Y 的联合密度函数 $f(x,y)$；

（2）$P(-1 < X < 0.1, Y \leqslant 1)$.

9. 设随机变量 X 的密度函数为

$$f_X(x) = \begin{cases} \dfrac{1}{2}, & -1 < x < 0 \\[2mm] \dfrac{1}{4}, & 0 \leqslant x < 2 \\[2mm] 0, & 其他 \end{cases}$$

令 $Y = X^2$，$F(x,y)$ 为 (X,Y) 的联合分布函数，试求：

（1）Y 的密度函数；

（2）$F\left(-\dfrac{1}{2}, 4\right)$.

10. 设随机变量 X 服从参数为 λ 的指数分布，$F(x)$ 为其分布函数，证明：$Y = F(X)$ 在区间 $(0,1)$ 上服从均匀分布.

【自测题解答】

1. （1）A；（2）D；（3）C；（4）B；（5）A.

2. （1）$\dfrac{1}{2} - e^{-1}$；（2）e^{-2}；（3）4；（4）$\dfrac{2}{9}$；（5）$\dfrac{\pi}{4}$.

3. 由题意知，X 可能取的值为 $1,2,3$，X 的分布列，即 X 取各个值的概率分别为

$$P(X=1) = \frac{C_1^1 C_4^2}{C_5^3} = \frac{6}{10}, \quad P(X=2) = \frac{C_1^1 C_3^2}{C_5^3} = \frac{3}{10}, \quad P(X=3) = \frac{1}{10}$$

X 的分布函数为

$$F(x) = \begin{cases} 0, & x < 1 \\ 0.6, & 1 \leqslant x < 2 \\ 0.9, & 2 \leqslant x < 3 \\ 1, & x \geqslant 3 \end{cases}$$

4. （1）由 $F(+\infty) = 1, F(0+0) = 0$，可得 $A = 1, B = -1$.

$$F(x) = \begin{cases} 1 - e^{-2x}, & x > 0 \\ 0, & x \leqslant 0 \end{cases}$$

(2) $P(-1 < X < 1) = F(1) - F(-1) = 1 - e^{-2} \approx 0.8647$.

(3) X 的密度函数为

$$f(x) = F'(x) = \begin{cases} 2e^{-2x}, & x > 0 \\ 0, & x \leqslant 0 \end{cases}$$

由于 $y = 1/x$ 为严减函数,故有反函数 $x = 1/y$,且 $x'_y = -1/y^2$. 故由式(2.36)知,$Y = 1/X$ 的密度函数为

$$f_Y(y) = \begin{cases} 2e^{-2(1/y)} \cdot \left| -\dfrac{1}{y^2} \right|, & y > 0 \\ 0, & y \leqslant 0 \end{cases} = \begin{cases} \dfrac{2}{y^2} e^{-2/y}, & y > 0 \\ 0, & y \leqslant 0 \end{cases}$$

5. (1) 从 X 的密度函数 $f(x)$ 的指数部分可以看出 $X \sim N(0, 10^2)$,故

$$k = \frac{1}{10\sqrt{2\pi}}$$

(2) 依题意,测量误差的绝对值大于 19.6 m 的概率为

$$P(|X| > 19.6) = P\left(\frac{|X|}{10} > 1.96 \right) = 0.05$$

若以 Y 表示"在 100 次独立重复测量中,误差的绝对值大于 19.6 m 的次数",则 $Y \sim B(100, 0.05)$. 故所求概率为

$$p = P(Y \geqslant 3) = 1 - P(Y < 3) = 1 - P(Y = 0) - P(Y = 1) - P(Y = 2)$$
$$= 1 - 0.95^{100} - C_{100}^1 \times 0.05 \times 0.95^{99} - C_{100}^2 \times 0.05^2 \times 0.95^{98}$$

利用泊松近似,Y 近似服从参数为 $\lambda = 100 \times 0.05 = 5$ 的泊松分布,故有

$$P(Y = k) = C_{100}^k \, 0.05^k \, 0.95^{100-k} \approx \frac{5^k}{k!} e^{-5}$$

因此

$$p \approx 1 - e^{-5} - 5e^{-5} - \frac{5^2}{2!} e^{-5} \approx 0.87$$

6. $p_{11} = \dfrac{1}{24}$, $p_{13} = \dfrac{1}{12}$, $p_{22} = \dfrac{3}{8}$, $p_{23} = \dfrac{1}{4}$, $p_1. = \dfrac{1}{4}$, $p_2. = \dfrac{3}{4}$, $p_{\cdot 2} = \dfrac{1}{2}$, $p_{\cdot 3} = \dfrac{1}{3}$.

7. (1) 由

$$1 = \int_{-\infty}^{+\infty} \int_{-\infty}^{+\infty} f(x,y) \mathrm{d}x\mathrm{d}y = \int_0^1 \mathrm{d}x \int_0^1 cxy^2 \mathrm{d}y = \frac{c}{6}$$

得 $c = 6$;

(2) 先求边际密度函数. X 的边际密度函数为

$$f_X(x) = \int_{-\infty}^{+\infty} f(x,y)\mathrm{d}y = \begin{cases} \displaystyle\int_0^1 6xy^2 \mathrm{d}y, & 0 < x < 1 \\ 0, & 其他 \end{cases} = \begin{cases} 2x, & 0 < x < 1 \\ 0, & 其他 \end{cases}$$

同理,可得 Y 的边际密度函数为

$$f_Y(y) = \begin{cases} 3y^2, & 0 < y < 1 \\ 0, & \text{其他} \end{cases}$$

由于

$$f(x,y) = f_X(x)f_Y(y)$$

故 X 与 Y 相互独立.

(3) 由式(2.28)知,所求概率为

$$P(X \leqslant Y) = \iint\limits_{x \leqslant y} f(x,y)\mathrm{d}x\mathrm{d}y = \int_0^1 3y^2 \mathrm{d}y \int_0^y 2x\mathrm{d}x = \frac{3}{5}$$

注 本题(2)的结论具有一般性. 即若 (X,Y) 的联合密度函数为 $f(x,y)$,则 X 与 Y 独立的充要条件是 $f(x,y)$ 可分离变量,即

$$f(x,y) = g(x)h(y) \quad (-\infty < x,y < +\infty)$$

请你证明这个结论,并回答 $g(x),h(y)$ 与边际密度函数有什么关系.

8. (1) 由题设知,有

$$f_X(x) = \begin{cases} 5, & 0 < x < 0.2 \\ 0, & \text{其他} \end{cases}$$

$$f_Y(y) = \begin{cases} 5\mathrm{e}^{-5y}, & y > 0 \\ 0, & \text{其他} \end{cases}$$

又 X 与 Y 独立,故

$$f(x,y) = f_X(x)f_Y(y) = \begin{cases} 25\mathrm{e}^{-5y}, & 0 < x < 0.2, y > 0 \\ 0, & \text{其他} \end{cases}$$

(2) 所求概率为

$$P(-1 < X < 0.1, Y \leqslant 1) = P(-1 < X < 0.1)P(Y \leqslant 1)$$
$$= \frac{1}{2} \cdot \int_0^1 5\mathrm{e}^{-5y}\mathrm{d}y = \frac{1}{2}(1 - \mathrm{e}^{-5})$$
$$\approx 0.496631$$

9. (1) 先求 Y 的分布函数. 当 $y < 0$ 时,$F_Y(y) = 0$;当 $y \geqslant 4$ 时,$F_Y(y) = 1$;

当 $0 \leqslant y < 1$ 时,$-1 < -\sqrt{y} \leqslant 0$,有

$$F_Y(y) = P(Y \leqslant y) = P(X^2 \leqslant y) = P(-\sqrt{y} \leqslant X \leqslant \sqrt{y})$$
$$= P(-\sqrt{y} \leqslant X < 0) + P(0 \leqslant X \leqslant \sqrt{y}) = \frac{1}{2}\sqrt{y} + \frac{1}{4}\sqrt{y} = \frac{3}{4}\sqrt{y}$$

当 $1 \leqslant y < 4$ 时,$1 \leqslant \sqrt{y} < 2$,$-\sqrt{y} \leqslant -1$,有

$$F_Y(y) = P(Y \leqslant y) = P(X^2 \leqslant y) = P(-\sqrt{y} \leqslant X \leqslant \sqrt{y})$$
$$= P(-1 \leqslant X < 0) + P(0 \leqslant X \leqslant \sqrt{y}) = \frac{1}{2} + \frac{1}{4}\sqrt{y}$$

于是 Y 的密度函数为

$$f_Y(y) = F'_Y(y) = \begin{cases} \dfrac{3}{8\sqrt{y}}, & 0 < y < 1 \\[3mm] \dfrac{1}{8\sqrt{y}}, & 1 \leqslant y < 4 \\[3mm] 0, & \text{其他} \end{cases}$$

(2) $F\left(-\dfrac{1}{2}, 4\right) = P\left(X \leqslant -\dfrac{1}{2}, Y \leqslant 4\right) = P\left(X \leqslant -\dfrac{1}{2}, X^2 \leqslant 4\right)$

$\qquad = P\left(X \leqslant -\dfrac{1}{2}, -2 \leqslant X \leqslant 2\right) = P\left(-2 \leqslant X \leqslant -\dfrac{1}{2}\right)$

$\qquad = \displaystyle\int_{-2}^{-0.5} f_X(x)\,\mathrm{d}x = \int_{-1}^{-0.5} \dfrac{1}{2}\,\mathrm{d}x = \dfrac{1}{4}$

10. 由题设知,X 的分布函数为

$$F(x) = \begin{cases} 1 - \mathrm{e}^{-\lambda x}, & x > 0 \\ 0, & x \leqslant 0 \end{cases}$$

先来求 $Y = F(X)$ 的分布函数 $F_Y(y)$. 注意到 $F(x)$ 的值域为 $(0,1)$,可知当 $y \leqslant 0$ 时,$F_Y(y) = 0$;当 $y \geqslant 1$ 时,$F_Y(y) = 1$;当 $0 < y < 1$ 时,有

$\qquad F_Y(y) = P(Y \leqslant y) = P(1 - \mathrm{e}^{-\lambda X} \leqslant y)$

$\qquad\qquad = P\left(X \leqslant -\dfrac{1}{\lambda}\ln(1-y)\right) = F\left(-\dfrac{1}{\lambda}\ln(1-y)\right) = y$

综上所述,可见 $F_Y(y)$ 是区间 $(0,1)$ 上均匀分布的分布函数,即 $Y = F(X)$ 在区间 $(0,1)$ 上服从均匀分布.

第3章　随机变量的数字特征

【学习目标】

本章学习目标如下：

1. 理解随机变量的数字特征的概念（包括期望、方差、协方差和相关系数）.

2. 掌握简单的随机变量函数的期望的计算方法；会运用数字特征的性质和公式计算具体分布的数字特征；了解切比雪夫不等式.

3. 掌握常用分布的参数与数字特征的关系.

4. 了解矩和分位数的有关概念.

5. 了解大数定律的含义（包括独立同分布大数定律和伯努利大数定律），掌握中心极限定理的应用（包括林德伯格-列维定理和棣莫佛-拉普拉斯定理）.

本章学习重点是期望、方差的概念和性质以及有关的计算，几种常用分布的数字特征（包括两点分布、二项分布、泊松分布、正态分布、均匀分布、指数分布、二维正态分布）；学习难点是随机变量函数的期望的计算、相关系数和大数定律含义的理解，以及中心极限定理的应用.

【内容提要】

1. 数学期望

（1）定义

已知随机变量 X 的概率分布：当 X 为离散型时有分布列 $P(X=x_k)=p(x_k)$；

当 X 为连续型时有密度函数 $f(x)$，若级数 $\sum\limits_{k=1}^{\infty} x_k p(x_k)$ 或积分 $\int_{-\infty}^{\infty} xf(x)\mathrm{d}x$ 绝对收敛，则称之为 X 的数学期望（均值），简称期望，记为 $E(X)$，即

$$
E(X) = \begin{cases} \sum_{k=1}^{\infty} x_k p(x_k), & \text{离散型} \\ \int_{-\infty}^{+\infty} x f(x) \mathrm{d}x, & \text{连续型} \end{cases} \tag{3.1}
$$

否则称 X 的期望不存在.

（2）随机变量函数的期望（假定以下涉及的期望均存在）

当 $Y=g(X)$ 为 X 的（分段）连续函数时，有

$$
E(Y) = E[g(X)] = \begin{cases} \sum_{k=1}^{\infty} g(x_k) p(x_k), & \text{离散型} \\ \int_{-\infty}^{+\infty} g(x) f(x) \mathrm{d}x, & \text{连续型} \end{cases} \tag{3.2}
$$

当 $Z=g(X,Y)$ 为二维随机变量 (X,Y) 的（分块）连续函数时，有

$$
E(Z) = E[g(X,Y)] = \begin{cases} \sum_{i=1}^{\infty} \sum_{j=1}^{\infty} g(x_i, y_j) p_{ij}, & \text{离散型} \\ \int_{-\infty}^{+\infty} \int_{-\infty}^{+\infty} g(x,y) f(x,y) \mathrm{d}x\mathrm{d}y, & \text{连续型} \end{cases} \tag{3.3}
$$

（3）性质

① 对任意常数 a，b 有 $E(aX+b)=aE(X)+b$；

② $E(X\pm Y)=E(X)\pm E(Y)$；

③ 若 X 与 Y 相互独立，则 $E(XY)=E(X)E(Y)$.

注　期望是随机变量的主要特征，它在实际生活中有许多应用. 例如，地铁站乘客到达时间服从某一概率分布，地铁每 10 分钟一班，我们关心的是乘客平均等待时间；又如商店中某种商品的需求量服从某一概率分布，我们关心的是每月进多少这种商品才能使平均利润最大，等等. 求解这类问题的关键在于建立所求变量 Y（乘客等待时间、利润）与已知随机变量 X（乘客到达时间、需求量）的函数关系，然后利用已知随机变量 X 的分布来计算相应函数 Y 的期望，对于这类问题应予以高度重视（见本章例 3.4，配套教材例 3.0.1）.

2. 方差和切比雪夫不等式

（1）定义

随机变量 X 的方差定义为

$$
\mathrm{Var}(X) = E[X-E(X)]^2 \tag{3.4}
$$

称 $\sqrt{\mathrm{Var}(X)}$ 为 X 的**标准差**，简记为 $\sigma(X)$ 或 σ_X.

由式（3.4）可见，方差 $\mathrm{Var}(X)$ 其实就是随机变量 X 的函数 $g(X)=[X-E(X)]^2$ 的期望，故可按式（3.2）计算. 在实际计算中，常用下式来计算方差：

$$
\mathrm{Var}(X) = E(X^2) - [E(X)]^2 \tag{3.5}
$$

（2）性质

① 若 $\text{Var}(X)=0$，则 $P(X=E(X))=1$；

② 对任意常数 a,b，有 $\text{Var}(aX+b)=a^2\text{Var}(X)$；

③ 若 X 与 Y 独立，则 $\text{Var}(X\pm Y)=\text{Var}(X)+\text{Var}(Y)$.

（3）切比雪夫不等式

设随机变量 X 具有期望 $E(X)$ 和方差 $\text{Var}(X)$，则对任意给定的 $\varepsilon>0$，有

$$P(|X-E(X)|\geqslant\varepsilon)\leqslant\frac{\text{Var}(X)}{\varepsilon^2} \tag{3.6}$$

注　切比雪夫不等式给出了事件 $\{|X-E(X)|<\varepsilon\}$ 概率的下界，即

$$P(|X-E(X)|<\varepsilon)\geqslant 1-\frac{\text{Var}(X)}{\varepsilon^2}$$

但精度不高. 例如，当知道 X 的精确分布时，如正态分布 $N(\mu,\sigma^2)$，且取 $\varepsilon=3\sigma$，经直接计算可得 $P(|X-\mu|<3\sigma)=2\Phi(3)-1\approx 0.9973$. 而由切比雪夫不等式只能推出 $P(|X-\mu|<3\sigma)\geqslant 8/9$. 但在不知道随机变量分布的情况下，用切比雪夫不等式至少能给出概率的下界，这对理论研究是很有用的.

3. 常用分布的期望和方差

表 3.1　常用分布及其期望和方差

分布	分布列或密度函数	期望	方差
两点分布 $B(1,p)$	$P(X=k)=p^k(1-p)^{1-k}$　$(k=0,1)$	p	$p(1-p)$
二项分布 $B(n,p)$	$P(X=k)=C_n^k p^k(1-p)^{n-k}$　$(k=0,1,\cdots,n)$	np	$np(1-p)$
泊松分布 $\pi(\lambda)$	$P(X=k)=\dfrac{\lambda^k e^{-\lambda}}{k!}$　$(k=0,1,2,\cdots)$	λ	λ
均匀分布 $U(a,b)$	$f(x)=\begin{cases}\dfrac{1}{b-a}, & a<x<b\\ 0, & \text{其他}\end{cases}$	$\dfrac{a+b}{2}$	$\dfrac{(b-a)^2}{12}$
指数分布 $e(\lambda)$	$f(x)=\begin{cases}\lambda e^{-\lambda x}, & x>0\\ 0, & x\leqslant 0\end{cases}$	$\dfrac{1}{\lambda}$	$\dfrac{1}{\lambda^2}$
正态分布 $N(\mu,\sigma^2)$	$f(x)=\dfrac{1}{\sqrt{2\pi}\sigma}e^{-(x-\mu)^2/(2\sigma^2)}$　$(-\infty<x<+\infty)$	μ	σ^2

4. 协方差和相关系数

（1）定义

随机变量 X 与 Y 的协方差定义为

$$\text{Cov}(X,Y)=E\{[X-E(X)][Y-E(Y)]\}$$

$$= E(XY) - E(X)E(Y) \tag{3.7}$$

协方差 $\mathrm{Cov}(X,Y)$ 可按式(3.3)计算. 随机变量 X 与 Y 的相关系数定义为

$$\rho_{XY} = \mathrm{Cov}(X^*, Y^*) = \frac{\mathrm{Cov}(X,Y)}{\sigma_X \sigma_Y} \tag{3.8}$$

其中 X^*, Y^* 分别是 X 与 Y 的标准化随机变量,即

$$X^* = \frac{X - E(X)}{\sigma_X}, \quad Y^* = \frac{Y - E(Y)}{\sigma_Y}$$

(2) 性质

① 协方差的性质

(a) $\mathrm{Cov}(X,Y) = \mathrm{Cov}(Y,X)$;

(b) 对于任意常数 a,b,c,d,有 $\mathrm{Cov}(aX+c,bY+d) = ab\mathrm{Cov}(X,Y)$;

(c) $\mathrm{Cov}(X_1+X_2,Y) = \mathrm{Cov}(X_1,Y) + \mathrm{Cov}(X_2,Y)$;

(d) $\mathrm{Var}(X\pm Y) = \mathrm{Var}(X) + \mathrm{Var}(Y) \pm 2\mathrm{Cov}(X,Y)$.

② 相关系数的性质

(a) $|\rho_{XY}| \leqslant 1$;

(b) $|\rho_{XY}| = 1$ 的充要条件是存在常数 $a(a\neq 0), b$,使得 $P(Y=aX+b)=1$(即 X 与 Y 几乎处处线性相关).

注 (1) 相关系数 ρ_{XY} 是描述随机变量 X 与 Y 之间的线性相关程度的数字特征. 当 $|\rho_{XY}|=1$ 时,X 与 Y 几乎处处线性相关;当 $0<|\rho_{XY}|<1$ 时,若 $|\rho_{XY}|$ 较大,则 X 与 Y 间的线性相关程度较强,反之较弱;当 $\rho_{XY}=0$ 时,称 X 与 Y 不相关.

(2) 若随机变量 X 与 Y 独立,则 X 与 Y 一定不相关,但反之不真! 特别地,当 (X,Y) 服从二维正态分布时,则 X 与 Y 不相关和独立是等价的.

(3) 设 (X,Y) 是二维随机变量,则下列命题等价:

① X 与 Y 不相关; ② $\mathrm{Cov}(X,Y)=0$;

③ $E(XY)=E(X)E(Y)$; ④ $\mathrm{Var}(X\pm Y)=\mathrm{Var}(X)+\mathrm{Var}(Y)$.

5. 矩和分位数

(1) 原点矩和中心矩

若 $E(X^k)$ 存在,则称之为 X 的 k 阶原点矩,记作 μ_k,即

$$\mu_k = E(X^k) \quad (k=1,2,\cdots) \tag{3.9}$$

若 $E\{[X-E(X)]^k\}$ 存在,则称之为 X 的 k 阶中心矩,记作 ν_k,即

$$\nu_k = E\{[X-E(X)]^k\} \quad (k=2,3,\cdots) \tag{3.10}$$

特别地,期望 $E(X)$ 是 X 的一阶原点矩;方差 $\mathrm{Var}(X)$ 是 X 的二阶中心矩.

(2) 分位数

设连续型随机变量 X 的密度函数为 $f(x)$,若对给定的 $\alpha\in(0,1)$ 均有 x_α 满足

$$P(X>x_\alpha) = \int_{x_\alpha}^{+\infty} f(x)\mathrm{d}x = \alpha \tag{3.11}$$

则称 x_a 为此分布的 α 上侧分位数. 特别地,当 $\alpha=0.5$ 时,称 $x_{0.5}$ 为此分布的中位数.

特别地,当 $f(x)$ 的曲线为轴对称图形时,中位数就是期望.

6. 大数定律和中心极限定理

(1) 依概率收敛与大数定律

① 依概率收敛

设 $X_1,X_2,\cdots,X_n,\cdots$ 是随机变量序列,a 为常数,若对任意给定的 $\varepsilon>0$,有

$$\lim_{n\to\infty}P(|X_n-a|<\varepsilon)=1$$

则称随机变量序列 $\{X_n\}$ 依概率收敛于 a,记作 $X_n\xrightarrow{P}a$.

② 大数定律

(a) 独立同分布大数定律

设 $X_1,X_2,\cdots X_n,\cdots$ 是独立同分布的随机变量序列,若期望 $E(X_k)=\mu$ 和方差 $\mathrm{Var}(X_k)=\sigma^2(k=1,2,\cdots)$ 均存在,则对任意 $\varepsilon>0$,有

$$\lim_{n\to\infty}P\left(\left|\frac{1}{n}\sum_{k=1}^{n}X_k-\mu\right|<\varepsilon\right)=1 \tag{3.12}$$

(b) 伯努利大数定律

设 η_n 是 n 重伯努利试验中事件 A 发生的次数,且事件 A 在每次试验中发生的概率为 $p(0<p<1)$,则对任意的 $\varepsilon>0$,有

$$\lim_{n\to\infty}P\left(\left|\frac{\eta_n}{n}-p\right|<\varepsilon\right)=1 \tag{3.13}$$

(2) 中心极限定理

① 林德伯格-列维定理

设 $X_1,X_2,\cdots,X_n,\cdots$ 为独立同分布的随机变量序列,若期望 $E(X_k)=\mu$ 和方差 $\mathrm{Var}(X_k)=\sigma^2>0(k=1,2,\cdots)$ 均存在,则前 n 个随机变量之和的标准化随机变量的极限分布为标准正态分布,即对任意实数 x,有

$$\lim_{n\to\infty}P\left(\left(\sum_{k=1}^{n}X_k-n\mu\right)\Big/\sqrt{n}\sigma\leqslant x\right)=\Phi(x) \tag{3.14}$$

② 棣莫佛-拉普拉斯定理

设随机变量 $\eta_n\sim B(n,p)$,则对任意实数 x,有

$$\lim_{n\to\infty}P\left(\frac{\eta_n-np}{\sqrt{np(1-p)}}\leqslant x\right)=\Phi(x) \tag{3.15}$$

注 (1) 大数定律是关于"算术平均值的稳定性"的一类定理,独立同分布大数定律是其中最简单但也是最重要的一种情况,它讲清楚了"稳定"一词的确切含义,即 $\frac{1}{n}\sum_{k=1}^{n}X_k$ 依概率收敛于其期望值 μ. 伯努利大数定律是其特例.

(2) 大数定律告诉我们,独立同分布随机变量序列 $\{X_k\}$ 的前 n 个随机变量的算术平均值 $\frac{1}{n}\sum_{k=1}^{n}X_k$ 依概率收敛于其期望值 μ,即

$$\lim_{n\to\infty}P\left(\left|\frac{1}{n}\sum_{k=1}^{n}X_k-\mu\right|<\varepsilon\right)=1$$

但如何计算此概率的大小并未解决. 而在实际问题中,这类问题经常出现,例如测量某一物体的尺寸,为了提高精度,常用 n 次独立重复测量值的算术平均值作为尺寸的近似值,那么它与真值之间的差异在某一范围内的概率是令人感兴趣的,由于这类问题的普遍性,概率界的学者们花费了近一个世纪对其进行研究,并使其成了讨论的中心,所以这类定理称为"中心极限定理",我们所介绍的是其中最简单但也是最实用的一种情况,即林德伯格-列维定理. 由该定理知,当 n 充分大时,有

$$\left(\sum_{k=1}^{n}X_k-n\mu\right)\Big/\sqrt{n}\sigma \overset{\text{近似}}{\sim} N(0,1) \tag{3.16}$$

由此可得

$$P\left(\left|\frac{1}{n}\sum_{k=1}^{n}X_k-\mu\right|<\varepsilon\right)\approx 2\Phi\left(\frac{\sqrt{n}\varepsilon}{\sigma}\right)-1$$

对于 $\eta_n\sim B(n,p)$,我们知道 $\eta_n=\sum_{k=1}^{n}X_k$,其中 $X_k\sim B(1,p)$,且

$$E(X_k)=p,\quad \mathrm{Var}(X_k)=p(1-p)\quad(k=1,2,\cdots,n)$$

由式(3.16)知,当 n 充分大时,有

$$\frac{\eta_n-np}{\sqrt{np(1-p)}} \overset{\text{近似}}{\sim} N(0,1) \tag{3.17}$$

可见棣莫佛-拉普拉斯定理是林德伯格-列维定理的特例. 利用式(3.17)可以解决与二项分布有关的概率的近似计算问题. 例如

$$P(a<\eta_n\leqslant b)\approx \Phi\left(\frac{b-np}{\sqrt{np(1-p)}}\right)-\Phi\left(\frac{a-np}{\sqrt{np(1-p)}}\right)$$

中心极限定理在实际中有广泛的应用,应用的关键在于能否将所关心的变量 Y 看成 n 个独立同分布的随机变量 X_k 之和. 如果可以,那么计算概率 $P(a<Y\leqslant b)$ 只需先求出 $E(X_k),\mathrm{Var}(X_k)$,然后就可以利用中心极限定理进行计算(见配套教材例 3.5.1,本章例 3.8).

【典型例题解析】

例 3.1 设随机变量 X 的密度函数为

$$f(x) = \begin{cases} ax^2 + bx + c, & 0 < x < 1 \\ 0, & \text{其他} \end{cases}$$

且 $E(X) = 0.5$，$\text{Var}(X) = 0.15$，求 a, b, c.

解 由期望的定义得

$$E(X) = \int_{-\infty}^{+\infty} xf(x)\mathrm{d}x = \int_0^1 x(ax^2 + bx + c)\mathrm{d}x = \frac{a}{4} + \frac{b}{3} + \frac{c}{2} = 0.5 \tag{3.18}$$

由题设知 $E(X^2) = \text{Var}(X) + [E(X)]^2 = 0.40$，故有

$$E(X^2) = \int_0^1 x^2(ax^2 + bx + c)\mathrm{d}x = \frac{a}{5} + \frac{b}{4} + \frac{c}{3} = 0.40 \tag{3.19}$$

又因为

$$\int_{-\infty}^{+\infty} f(x)\mathrm{d}x = \int_0^1 (ax^2 + bx + c)\mathrm{d}x = \frac{a}{3} + \frac{b}{2} + c = 1 \tag{3.20}$$

故由式(3.18)~(3.20)的联立方程组解得 $a = 12, b = -12, c = 3$.

例 3.2 某流水线上每个产品不合格的概率为 $p(0 < p < 1)$，各产品合格与否相互独立，当出现一个不合格产品时立即停机检查，以 X 表示开机后第一次停机时已生产了的产品个数，求 X 的期望 $E(X)$ 和方差 $\text{Var}(X)$.

解 记 $q = 1 - p$，由题设知 X 的分布列为

$$P(X = k) = pq^{k-1} \quad (k = 1, 2, \cdots)$$

$$E(X) = \sum_{k=1}^{\infty} kpq^{k-1} = p\sum_{k=1}^{\infty} (q^k)' = p\left(\sum_{k=1}^{\infty} q^k\right)'$$

$$= p\left(\frac{q}{1-q}\right)' = \frac{p}{(1-q)^2} = \frac{1}{p}$$

$$E(X^2) = \sum_{k=1}^{\infty} k^2 pq^{k-1} = p\sum_{k=1}^{\infty} [k + k(k-1)]q^{k-1} = p[q\sum_{k=1}^{\infty} (q^k)']'$$

$$= p\left[\frac{q}{(1-q)^2}\right]' = p\frac{1+q}{(1-q)^3} = \frac{2-p}{p^2}$$

$$\text{Var}(X) = E(X^2) - [E(X)]^2 = \frac{1-p}{p^2}$$

例 3.3 设随机变量 X 的分布函数为

$$F(x) = \begin{cases} 0, & x < -1 \\ 0.25, & -1 \leqslant x < 0 \\ 0.75, & 0 \leqslant x < 1 \\ 1, & x \geqslant 1 \end{cases}$$

求 $\text{Var}\left(\dfrac{X}{1+X^2}\right)$.

解 由分布函数可得 X 的分布列如表 3.2 所示.

表 3.2

X	-1	0	1
P	0.25	0.50	0.25

因此

$$E\left(\frac{X}{1+X^2}\right)=-\frac{1}{2}\times0.25+\frac{1}{2}\times0.25=0$$

$$\mathrm{Var}\left(\frac{X}{1+X^2}\right)=E\left(\frac{X}{1+X^2}\right)^2=\frac{1}{4}\times0.25+\frac{1}{4}\times0.25=0.125$$

例 3.4 游客乘电梯从底层到电视塔顶层观光,电梯于每个整点的第 5 分钟、25 分钟和 55 分钟从底层起行. 假定一游客在早上八点的第 X 分钟到达底层候梯处,且 X 在 $(0,60)$ 上服从均匀分布,求该游客等待时间的期望值.

解 已知 X 的密度函数为

$$f(x)=\begin{cases}\frac{1}{60}, & 0<x<60\\0, & \text{其他}\end{cases}$$

设 Y 为游客等候电梯的时间(单位:min),则

$$Y=g(X)=\begin{cases}5-X, & 0<X\leqslant5\\25-X, & 5<X\leqslant25\\55-X, & 25<X\leqslant55\\60-X+5, & 55<X<60\end{cases}$$

因此,该游客等待时间的期望值为

$$E(Y)=E[g(X)]$$
$$=\int_{-\infty}^{+\infty}g(x)\cdot f(x)\mathrm{d}x=\frac{1}{60}\int_0^{60}g(x)\mathrm{d}x$$
$$=\frac{1}{60}\left[\int_0^5(5-x)\mathrm{d}x+\int_5^{25}(25-x)\mathrm{d}x+\int_{25}^{55}(55-x)\mathrm{d}x+\int_{55}^{60}(65-x)\mathrm{d}x\right]$$
$$=\frac{1}{60}(12.5+200+450+37.5)=\frac{35}{3}$$

例 3.5 设随机变量 X 与 Y 独立同服从正态分布 $N(0,0.5)$,求 $|X-Y|$ 的方差.

解 令 $Z=X-Y$,则

$$E(Z)=E(X)-E(Y)=0,\quad \mathrm{Var}(Z)=\mathrm{Var}(X)+\mathrm{Var}(Y)=1$$
由于独立正态变量的线性组合仍为正态变量,故 $Z\sim N(0,1)$,从而有
$$E(|Z|^2)=E(Z^2)=\mathrm{Var}(Z)=1$$
又因为

$$E(|Z|) = \int_{-\infty}^{+\infty} |z| \cdot \frac{1}{\sqrt{2\pi}} e^{-z^2/2} dz = \frac{2}{\sqrt{2\pi}} \int_{0}^{+\infty} z e^{-z^2/2} dz$$

$$= \frac{2}{\sqrt{2\pi}} (-e^{-z^2/2})_{0}^{+\infty} = \sqrt{\frac{2}{\pi}}$$

于是

$$\mathrm{Var}(|X-Y|) = \mathrm{Var}(|Z|) = E(|Z|^2) - [E(|Z|)]^2$$

$$= \mathrm{Var}(Z) - [E(|Z|)]^2 = 1 - \frac{2}{\pi}$$

例 3.6　设随机变量 X 与 Y 独立同分布,X 的分布列如表 3.3 所示.

表 3.3

X	1	2
P	2/3	1/3

令 $U = \max\{X,Y\}$,$V = \min\{X,Y\}$. 试求:

(1) (U,V) 的联合分布列和边际分布列;

(2) U 与 V 的相关系数.

解　(1) (U,V) 可能取的值为 $(1,1)$,$(2,1)$,$(2,2)$,且

$$P(U=1,V=1) = P(\max\{X,Y\}=1, \min\{X,Y\}=1)$$

$$= P(X=1,Y=1) = P(X=1)P(Y=1) = \frac{4}{9}$$

$$P(U=2,V=1) = P(\max\{X,Y\}=2, \min\{X,Y\}=1) = P(X=2,Y=1)$$

$$= P(X=1,Y=2) = \frac{2}{9} + \frac{2}{9} = \frac{4}{9}$$

$$P(U=2,V=2) = 1 - \frac{4}{9} - \frac{4}{9} = \frac{1}{9}$$

于是 (U,V) 的分布列如表 3.4 所示.

表 3.4

U \ V	1	2	$P(U=u_i)$
1	4/9	0	4/9
2	4/9	1/9	5/9
$P(V=v_j)$	8/9	1/9	1

(2) 由(1)得

$$E(U) = 1 \times \frac{4}{9} + 2 \times \frac{5}{9} = \frac{14}{9}, \quad E(V) = 1 \times \frac{8}{9} + 2 \times \frac{1}{9} = \frac{10}{9}$$

$$E(U^2) = 1^2 \times \frac{4}{9} + 2^2 \times \frac{5}{9} = \frac{24}{9}, \quad E(V^2) = 1^2 \times \frac{8}{9} + 2^2 \times \frac{1}{9} = \frac{12}{9}$$

$$E(UV) = 1 \times 1 \times \frac{4}{9} + 2 \times 1 \times \frac{4}{9} + 2 \times 2 \times \frac{1}{9} = \frac{16}{9}$$

于是,有

$$\text{Var}(U) = E(U^2) - [E(U)]^2 = \frac{24}{9} - \left(\frac{14}{9}\right)^2 = \frac{20}{81}$$

$$\text{Var}(V) = E(V^2) - [E(V)]^2 = \frac{12}{9} - \left(\frac{10}{9}\right)^2 = \frac{8}{81}$$

$$\text{Cov}(U,V) = E(UV) - E(U)E(V) = \frac{16}{9} - \frac{14}{9} \times \frac{10}{9} = \frac{4}{81}$$

因此,U 与 V 的相关系数为

$$\rho_{UV} = \frac{\text{Cov}(U,V)}{\sigma_U \sigma_V} = \frac{4/81}{\sqrt{20 \times 8/81}} = \frac{1}{\sqrt{10}}$$

例 3.7 设随机变量 X 与 Y 的期望均为 1,方差均为 2,它们的相关系数为 0.25,试求 $U = X + 2Y$ 与 $V = X - 2Y$ 的相关系数.

解 先求 U 和 V 的期望和方差.

$$E(U) = E(X + 2Y) = 3, \quad E(V) = E(X - 2Y) = -1$$

由题设知 $\text{Cov}(X,Y) = 0.25 \times \sqrt{2} \times \sqrt{2} = 0.5$,故

$$\text{Var}(U) = \text{Var}(X + 2Y) = \text{Var}(X) + 4\text{Var}(Y) + 4\text{Cov}(X,Y) = 12$$

$$\text{Var}(V) = \text{Var}(X - 2Y) = \text{Var}(X) + 4\text{Var}(Y) - 4\text{Cov}(X,Y) = 8$$

注意到 $UV = X^2 - 4Y^2, E(X^2) = E(Y^2) = \text{Var}(Y) + [E(Y)]^2 = 3$,有

$$\text{Cov}(U,V) = E(UV) - E(U)E(V) = E(X^2) - 4E(Y^2) - E(U)E(V)$$
$$= 3 - 4 \times 3 - 3 \times (-1) = -6$$

于是,U 与 V 相关系数为

$$\rho = \frac{\text{Cov}(U,V)}{\sigma_U \sigma_V} = \frac{-6}{\sqrt{12 \times 8}} = -\frac{\sqrt{6}}{4}$$
$$= -0.6124$$

例 3.8 某调查公司接受委托,调查某电视节目在 S 市的收视率 p,调查公司将所有调查对象中收看此节目的频率来估计 p. 委托方要求保证有 90% 以上的把握使得调查所得收视率(频率)与真实收视率 p 之间的偏差不超过 5%. 问至少需要调查多少个对象?

解 设至少调查 n 个对象,并记 Y_n 为 n 个对象中收看此电视节目的人数,则有

$$Y_n \sim B(n,p)$$

由大数定律知,当 n 很大时,频率 $\dfrac{Y_n}{n}$ 与概率 p 很接近,可见用频率来估计 p 是恰当

的. 下面我们用中心极限定理来求出符合委托方要求的 n. 依题意有

$$P\left(\left|\frac{Y_n}{n}-p\right|<0.05\right)=P\left(\left|\frac{Y_n-np}{\sqrt{np(1-p)}}\right|<0.05\sqrt{\frac{n}{p(1-p)}}\right)$$

$$\approx 2\Phi\left(0.05\sqrt{\frac{n}{p(1-p)}}\right)-1\geqslant 0.90$$

所以

$$\Phi\left(0.05\sqrt{\frac{n}{p(1-p)}}\right)\geqslant 0.95 \quad 或 \quad 0.05\sqrt{\frac{n}{p(1-p)}}\geqslant 1.645$$

即

$$n\geqslant\left(\frac{1.645}{0.05}\right)^2 p(1-p)=1082.41p(1-p)$$

而 $p(1-p)\leqslant\frac{1}{4}$，因此 $n\geqslant 1082.41\times\frac{1}{4}\approx 270.6$，即至少调查 271 个对象.

例 3.9　证明:事件在一次试验中发生的次数的方差不超过 $\frac{1}{4}$.

证明　显然,事件在一次试验中发生的次数 $X\sim B(1,p)$,其中 $p(0<p<1)$ 为事件发生的概率,故有 $\mathrm{Var}(X)=p(1-p)$. 令 $[\mathrm{Var}(X)]'=1-2p=0$ 得 $p=\frac{1}{2}$,又因为 $[\mathrm{Var}(X)]''=-2<0$,故 $p=\frac{1}{2}$ 是 $\mathrm{Var}(X)$ 的极大值点,也是最大值点,因此有

$$\mathrm{Var}(X)\leqslant\frac{1}{2}\left(1-\frac{1}{2}\right)=\frac{1}{4}$$

即事件在一次试验中发生的次数的方差不超过 $\frac{1}{4}$.

例 3.10　设 X 为取非负整数值的随机变量,证明:

$$E(X)=\sum_{n=1}^{\infty}P(X\geqslant n)$$

证明　由期望的定义,有

$$E(X)=P(X=1)+2P(X=2)+\cdots+kP(X=k)+\cdots$$

$$=\sum_{i=1}^{\infty}P(X=i)+\sum_{i=2}^{\infty}P(X=i)+\cdots+\sum_{i=k}^{\infty}P(X=i)+\cdots$$

$$=P(X\geqslant 1)+P(X\geqslant 2)+\cdots+P(X\geqslant k)+\cdots$$

$$=\sum_{n=1}^{\infty}P(X\geqslant n)$$

【习题选解】

4. 把 4 个球随机地放入 4 个盒子中去,求空盒子的个数 X 的期望.

解 X 可能取的值为 $0,1,2,3$,取各个值的概率分别为

$$P(X = 0) = \frac{4!}{4^4} = \frac{6}{64}$$

$$P(X = 1) = \frac{4 \times C_4^2 \times 3!}{4^4} = \frac{36}{64}$$

$$P(X = 2) = 1 - \frac{6}{64} - \frac{1}{64} - \frac{36}{64} = \frac{21}{64}$$

$$P(X = 3) = \frac{4}{4^4} = \frac{1}{64}$$

于是,X 的期望为

$$E(X) = 0 \times \frac{6}{64} + 1 \times \frac{36}{64} + 2 \times \frac{21}{64} + 3 \times \frac{1}{64} = \frac{81}{64}$$

7. 一民航机场的送客车载有 20 位旅客从机场开出,沿途旅客有 10 个车站可以下车,如到达一个车站没有旅客下车就不停车.假设每位旅客在各个车站下车是等可能的,并设各旅客是否下车相互独立. 以 X 表示停车的次数,求 $E(X)$.

解 令

$$X_i = \begin{cases} 1, & \text{第 } i \text{ 个车站停车} \\ 0, & \text{若不然} \end{cases} \quad (i = 1, 2, \cdots, 10)$$

则

$$X = X_1 + X_2 + \cdots + X_{10}$$

而

$$P(X_i = 0) = \left(1 - \frac{1}{10}\right)^{20}, \quad P(X_i = 1) = 1 - \left(1 - \frac{1}{10}\right)^{20}$$

故

$$E(X_i) = 1 - \left(1 - \frac{1}{10}\right)^{20} \quad (i = 1, 2, \cdots, 10)$$

因此

$$E(X) = 10 \left[1 - \left(1 - \frac{1}{10}\right)^{20}\right] \approx 8.78$$

12. 设某种商品每周的需求量为 X(单位:件),且 $X \sim U(10, 30)$,经销商店的进货量为 10～30 件,每销售 1 件可获利 500 元. 若供大于求,则削价处理,每处理一件亏损 100 元. 若供不应求,则要从外店调剂供应,一件也可获利 300 元. 为使

商店所获利润的期望值不小于 9280 元,试确定最少进货量.

解　设进货量为 a,利润为 Y(元),则

$$Y = g(X) = \begin{cases} 500a + 300(X-a), & a < X \leqslant 30 \\ 500X - 100(a-X), & 10 \leqslant X \leqslant a \end{cases}$$

$$= \begin{cases} 200a + 300X, & a < X \leqslant 30 \\ 600X - 100a, & 10 \leqslant X \leqslant a \end{cases}$$

$$E(Y) = \int_{-\infty}^{+\infty} g(x) f_X(x) \mathrm{d}x$$

$$= \frac{1}{20} \left[\int_{10}^{a} (600x - 100a) \mathrm{d}x + \int_{a}^{30} (300x + 200a) \mathrm{d}x \right]$$

$$= -7.5a^2 + 350a + 5250$$

依题意,有 $-7.5a^2 + 350a + 5250 \geqslant 9280$,即

$$3a^2 - 140a + 1612 \geqslant 0$$

得到

$$\frac{62}{3} \leqslant a \leqslant 26$$

因此,利润的期望值不小于 9280 元的最少进货量为 21 件.

13. 设 X 与 Y 相互独立,且同服从区间 $(0,1)$ 上的均匀分布,$Z = \min\{X, Y\}$,求 $E(Z)$,$\mathrm{Var}(Z)$.

解　X 的密度函数和分布函数分别为

$$f(x) = \begin{cases} 1, & 0 < x < 1 \\ 0, & 其他 \end{cases}, \quad F(x) = \begin{cases} 0, & x < 0 \\ x, & 0 \leqslant x < 1 \\ 1, & x \geqslant 1 \end{cases}$$

注意到 X 与 Y 独立同分布,我们有

$$F_Z(z) = P(Z \leqslant z) = P(\min\{X, Y\} \leqslant z) = 1 - P(\min\{X, Y\} > z)$$

$$= 1 - P(X > z, Y > z) = 1 - P(X > z)P(Y > z)$$

$$= 1 - [1 - F(z)]^2$$

于是 Z 的密度函数为

$$f_Z(z) = 2[1 - F(z)]f(z)$$

从而有

$$E(Z) = \int_{-\infty}^{+\infty} z f_Z(z) \mathrm{d}z = \int_{0}^{1} z 2(1-z) \mathrm{d}z = \frac{1}{3}$$

$$E(Z^2) = \int_{-\infty}^{+\infty} z^2 f_Z(z) \mathrm{d}z = \int_{0}^{1} z^2 2(1-z) \mathrm{d}z = \frac{1}{6}$$

于是,有

$$\mathrm{Var}(Z) = E(Z^2) - [E(Z)]^2 = \frac{1}{18}$$

15. 证明:若常数 $c \neq E(X)$,则 $\mathrm{Var}(X) < E[(X-c)^2]$.

证明   由于 $c \neq E(X)$,故有

$$E[(X-c)^2] = E[(X-E(X)+E(X)-c)^2]$$
$$= \mathrm{Var}(X) + 2E\{[X-E(X)][E(X)-c]\} + [E(X)-c]^2$$
$$= \mathrm{Var}(X) + [E(X)-c]^2 > \mathrm{Var}(X)$$

17. 设 (X,Y) 的联合密度函数为

$$f(x,y) = \begin{cases} x+y, & 0 \leqslant x \leqslant 1, 0 \leqslant y \leqslant 1 \\ 0, & \text{其他} \end{cases}$$

(1) 求边际密度函数 $f_X(x)$, $f_Y(y)$,并判断 X 与 Y 是否独立;

(2) 求期望和方差 $E(X)$, $\mathrm{Var}(X)$, $E(Y)$, $\mathrm{Var}(Y)$;

(3) 求协方差 $\mathrm{Cov}(X,Y)$ 和相关系数 ρ_{XY}.

解   (1) 先求 X 的边际密度函数 $f_X(x)$. 当 $0 \leqslant x \leqslant 1$ 时

$$f_X(x) = \int_{-\infty}^{+\infty} f(x,y)\mathrm{d}y = \int_0^1 (x+y)\mathrm{d}y = x + \frac{1}{2}$$

当 $x \notin [0,1]$ 时,显然 $f_X(x)=0$. 因此,X 的边际密度函数为

$$f_X(x) = \begin{cases} x + \dfrac{1}{2}, & 0 \leqslant x \leqslant 1 \\ 0, & \text{其他} \end{cases}$$

利用对称性,把上式中的 x 换成 y 即得 Y 的边际密度函数为

$$f_Y(y) = \begin{cases} y + \dfrac{1}{2}, & 0 \leqslant y \leqslant 1 \\ 0, & \text{其他} \end{cases}$$

由于在 $0 \leqslant x \leqslant 1, 0 \leqslant y \leqslant 1$ 上,$f(x,y) \neq f_X(x)f_Y(y)$,故 X 与 Y 不独立.

(2) 利用对称性,有

$$E(X) = E(Y) = \int_0^1 y\left(y+\frac{1}{2}\right)\mathrm{d}y = \frac{7}{12}$$

$$E(X^2) = E(Y^2) = \int_0^1 y^2\left(y+\frac{1}{2}\right)\mathrm{d}y = \frac{5}{12}$$

$$\mathrm{Var}(X) = \mathrm{Var}(Y) = E(Y^2) - [E(Y)]^2 = \frac{5}{12} - \left(\frac{7}{12}\right)^2 = \frac{11}{144}$$

(3) 由题设可得

$$E(XY) = \int_0^1 \int_0^1 xy(x+y)\mathrm{d}x\mathrm{d}y = \frac{1}{3}$$

故

$$\mathrm{Cov}(X,Y) = E(XY) - E(X)E(Y) = \frac{1}{3} - \left(\frac{7}{12}\right)^2 = -\frac{1}{144}$$

$$\rho_{XY} = \frac{\mathrm{Cov}(X,Y)}{\sigma_X \sigma_Y} = -\frac{1}{144}\Big/\sqrt{\frac{11}{144}\times\frac{11}{144}} = -\frac{1}{11}.$$

18. 袋中装有 3 个红球、2 个白球和 1 个黑球,从中任取 1 球,记

$$X = \begin{cases} 1, & \text{取到红球} \\ 0, & \text{其他} \end{cases}, \quad Y = \begin{cases} 1, & \text{取到白球} \\ 0, & \text{其他} \end{cases}$$

求相关系数 ρ_{XY}.

解　由题设易得 (X,Y) 的分布列,如表 3.5 所示.

表 3.5

X ＼ Y	0	1	$P(X=x_i)$
0	1/6	1/3	1/2
1	1/2	0	1/2
$P(Y=y_j)$	2/3	1/3	1

由 (X,Y) 的分布列可得

$$E(X) = E(X^2) = \frac{1}{2}, \quad E(Y) = E(Y^2) = \frac{1}{3}$$

$$\mathrm{Var}(X) = E(X^2) - [E(X)]^2 = \frac{1}{2} - \left(\frac{1}{2}\right)^2 = \frac{1}{4}$$

$$\mathrm{Var}(Y) = E(Y^2) - [E(Y)]^2 = \frac{1}{3} - \left(\frac{1}{3}\right)^2 = \frac{2}{9}$$

$$\mathrm{Cov}(X,Y) = E(XY) - E(X)E(Y) = 0 - \frac{1}{2}\times\frac{1}{3} = -\frac{1}{6}$$

由此可得

$$\rho_{XY} = \frac{\mathrm{Cov}(X,Y)}{\sigma_X \sigma_Y} = -\frac{1}{6}\Big/\sqrt{\frac{1}{4}\times\frac{2}{9}} = -\frac{1}{\sqrt{2}}$$

20. 设 X,Y 相互独立且同服从正态分布 $N(\mu,\sigma^2)$,记 $U=aX+bY, V=aX-bY$,求 U 与 V 的相关系数.

解　由题设可得

$$E(U) = E(aX+bY) = (a+b)\mu$$

$$E(V) = E(aX-bY) = (a-b)\mu$$

$$\mathrm{Var}(U) = \mathrm{Var}(aX+bY) = (a^2+b^2)\sigma^2$$

$$\mathrm{Var}(V) = \mathrm{Var}(aX-bY) = (a^2+b^2)\sigma^2$$

$$E(UV) = E[(aX+bY)(aX-bY)] = E(a^2X^2 - b^2Y^2)$$
$$= (a^2-b^2)(\sigma^2+\mu^2)$$

$$\mathrm{Cov}(U,V) = E(UV) - E(U)E(V) = (a^2-b^2)\sigma^2$$

因此,U 与 V 的相关系数为

$$\rho_{UV} = \frac{\mathrm{Cov}(U,V)}{\sigma_U \sigma_V} = \frac{(a^2-b^2)\sigma^2}{(a^2+b^2)\sigma^2} = \frac{a^2-b^2}{a^2+b^2}$$

27. 银行为支付某日即将到期的债券准备一笔现金. 设这批债券共发放了 500 张,每张债券到期之日需付本息 10000 元. 若持券人(一人一券)于债券到期之日到银行领取本息的概率为 0.4,问银行于该日至少应准备多少现金才能有 99% 以上的把握满足持券人的兑换?

解 设银行应准备现金 y 元. 令 Y 为持券人于债券到期之日到银行领取本息的人数,则 $Y \sim B(500, 0.4)$,且

$$E(Y) = 500 \times 0.4 = 200, \quad \mathrm{Var}(Y) = 500 \times 0.4 \times 0.6 = 120$$

由题设知,银行需要兑换现金为 $10000Y$ 元. 利用棣莫佛-拉普拉斯定理得

$$0.99 \leqslant P(0 \leqslant 10000Y \leqslant y) = P\left(0 \leqslant Y \leqslant \frac{y}{10000}\right)$$

$$= \Phi\left(\frac{y/10000 - 200}{\sqrt{120}}\right) - \Phi\left(\frac{0-200}{\sqrt{120}}\right)$$

$$\approx \Phi\left(\frac{y/10000 - 200}{\sqrt{120}}\right)$$

查表得

$$\frac{y/10000 - 200}{\sqrt{120}} \geqslant 2.33$$

即

$$y \approx 2255239$$

因此,银行至少应准备兑换现金 226 万元.

30. 重复抛掷一枚均匀的硬币 n 次,试问 n 至少取多少时,才能保证出现正面的频率在 0.4~0.6 之间的概率不小于 90%? 请你分别用切比雪夫不等式和棣莫佛-拉普拉斯中心极限定理来确定 n.

解 令 Y_n 为抛掷 n 次均匀的硬币出现正面的次数,则 $Y_n \sim B(n, 0.5)$,要求满足下式的 n:

$$P\left(0.4 \leqslant \frac{Y_n}{n} \leqslant 0.6\right) \geqslant 0.9 \quad \text{或} \quad P\left(\left|\frac{Y_n}{n} - 0.5\right| < 0.1\right) \geqslant 0.9$$

(1) 用切比雪夫不等式确定 n:

$$P\left(\left|\frac{Y_n}{n} - 0.5\right| < 0.1\right) \geqslant 1 - \frac{\mathrm{Var}(Y_n/n)}{0.1^2} = 1 - \frac{25}{n} \geqslant 0.9$$

由此可得 $n \geqslant 250$,故取 $n = 250$.

(2) 用棣莫佛-拉普拉斯中心极限定理确定 n:

$$0.9 \leqslant P\left(\left|\frac{Y_n}{n} - 0.5\right| < 0.1\right) = P\left(\left|\frac{Y_n - 0.5n}{\sqrt{0.25n}}\right| < \frac{0.1\sqrt{n}}{\sqrt{0.25}}\right) \approx 2\Phi\left(\frac{\sqrt{n}}{5}\right) - 1$$

从而有

$$\Phi\left(\frac{\sqrt{n}}{5}\right)\geqslant 0.95$$

查表得

$$\frac{\sqrt{n}}{5}\geqslant 1.645$$

由此可得 $n\geqslant 67.65$,故取 $n=68$.

【自测题】

1. 单项选择题

(1) 设随机变量 X 与 Y 独立,方差分别为 4 和 2,则 $Var(3X-2Y)=(\quad)$.

A. 8　　　　　　B. 16　　　　　　C. 28　　　　　　D. 44

(2) 设随机变量 X 与 Y 独立,且 $E(X)$ 和 $E(Y)$ 存在,记 $U=\max\{X,Y\}$,$V=\min\{X,Y\}$,则($\quad$).

A. $E(UV)=E(U)E(V)$　　　　　　B. $E(XY)=E(X)E(Y)$

C. $E(UY)=E(U)E(Y)$　　　　　　D. $E(XV)=E(X)E(V)$

(3) 设 $(X,Y)\sim N\left(0,0,1,4,\frac{1}{2}\right)$,若 $Z=aX+Y$ 与 Y 独立,则 $a=(\quad)$.

A. -2　　　　B. 2　　　　　　C. -4　　　　　D. 4

(4) 设 $X\sim N(0,1)$,u_{α} 为该分布的 $\alpha(0<\alpha<1)$ 上侧分位数,即 u_{α} 满足 $P(X>u_{\alpha})=\alpha$. 若 $P(|X|<c)=\alpha$,则 $c=(\quad)$.

A. $u_{\alpha/2}$　　　　B. $u_{1-\alpha/2}$　　　　C. $u_{(1-\alpha)/2}$　　　　D. $u_{1-\alpha}$

(5) 设随机变量 $X_1,X_2,\cdots,X_n,\cdots$ 相互独立,且同服从参数为 p 的两点分布 $B(1,p)$,则对任意 $\varepsilon>0$,$\lim\limits_{n\to\infty}P\left(\left|\frac{1}{n}\sum\limits_{i=1}^{n}X_i-p\right|\geqslant\varepsilon\right)=(\quad)$.

A. 0　　　　　　B. 大于 0　　　　　　C. 1/2　　　　　　D. 1

2. 填空题

(1) 设随机变量 X 的分布列如表 3.6 所示.

表 3.6

X	0	2
P	0.7	0.3

则 $E(X)=$_____;$Var(X)=$_____.

(2) 设随机变量 X 的密度函数为

$$f(x) = \begin{cases} 1+x, & -1 < x < 0 \\ 1-x, & 0 \leqslant x < 1 \\ 0, & \text{其他} \end{cases}$$

则 $E(X) =$ _____；$\text{Var}(X) =$ _____.

（3）一射手对同一目标独立地进行 4 次射击，每次射击的命中率相同，若至少命中一次的概率为 $\dfrac{80}{81}$，记 X 为该射手命中目标的次数，则 $E(X) =$ _____.

（4）掷一枚均匀的硬币 n 次，以 X 和 Y 分别表示正面和反面向上的次数，则 X 和 Y 的相关系数 $\rho_{XY} =$ _____.

（5）已知随机变量 X 的期望 $E(X) = 100$，方差 $\text{Var}(X) = 100$，试用切比雪夫不等式估计 $P(80 < X < 120) \geqslant$ _____.

3. 盒中有 10 张奖券，其中 8 张 2 元、2 张 5 元，某人从中随机不放回地抽取 3 张，求此人得奖金额的期望值.

4. 设随机变量 X 与 Y 独立，且均服从区间 $(0,1)$ 上的均匀分布，求 $\text{Var}(3 - 2XY)$.

5. 设由自动线加工的某种零件的内径 X（单位：毫米）服从正态分布 $N(\mu, 1)$，内径小于 10 或大于 12 的为不合格品，其余为合格品，销售每件合格品获利，销售每件不合格品亏损，已知销售利润 Y（单位：元）与销售零件的内径 X 有如下关系：

$$Y = \begin{cases} -1, & X < 10 \\ 20, & 10 \leqslant X \leqslant 12 \\ -5, & X > 12 \end{cases}$$

试问平均内径 μ 取何值时，销售一个零件的平均利润最大？

6. 设某生产线上组装每件产品的时间（单位：h）服从指数分布，以往统计资料表明每件产品的组装时间平均需要 10 min，且各件产品的组装时间相互独立.

（1）试求组装 100 件产品需要 15～20 h 的概率；

（2）以不小于 95% 的概率在 16 h 内最多可以组装多少件产品？

7. 设连续型随机变量 X 的密度函数 $f(x)$ 在 $x < 0$ 时恒为零，且期望 $E(X)$ 存在. 证明：对任意常数 $a(a > 0)$，有

$$P(X > a) \leqslant \frac{E(X)}{a}$$

8. 设 $a_n = \sum\limits_{k=0}^{n} \dfrac{n^k}{k!} \mathrm{e}^{-n}$，证明：$\lim\limits_{n \to \infty} a_n = \dfrac{1}{2}$.

【自测题解答】

1. (1) D；(2) B；(3) C；(4) C；(5) A.

2. (1) $0.6, 0.84$；(2) $0, \dfrac{1}{6}$；(3) $\dfrac{8}{3}$；(4) -1；(5) $\dfrac{3}{4}$.

3. 记 X 为此人得奖金额，则可能取的值为 $6,9,12$，取各个值的概率分别为

$$P(X = 6) = \frac{C_8^3}{C_{10}^3} = \frac{7}{15}, \quad P(X = 9) = \frac{C_8^2 C_2^1}{C_{10}^3} = \frac{7}{15}, \quad P(X = 12) = \frac{1}{15}$$

于是，此人得奖金额的期望为

$$E(X) = 6 \times \frac{7}{15} + 9 \times \frac{7}{15} + 12 \times \frac{1}{15} = 7.8$$

4. 注意到

$$\mathrm{Var}(3 - 2XY) = 4\mathrm{Var}(XY)$$

由题设知

$$\begin{aligned}
\mathrm{Var}(XY) &= E[(XY)^2] - [E(XY)]^2 \\
&= E(X^2)E(Y^2) - [E(X)E(Y)]^2 \\
&= \{\mathrm{Var}(X) + [E(X)]^2\}^2 - [E(X)]^4 \\
&= \left[\frac{1}{12} + \left(\frac{1}{2}\right)^2\right]^2 - \left(\frac{1}{2}\right)^4 = \frac{7}{144}
\end{aligned}$$

于是得

$$\mathrm{Var}(3 - 2XY) = 4\mathrm{Var}(XY) = \frac{7}{36}$$

5. 由题设知

$$\begin{aligned}
E(Y) &= -P(X < 10) + 20P(10 \leqslant X \leqslant 12) - 5P(X > 12) \\
&= -\Phi(10 - \mu) + 20[\Phi(12 - \mu) - \Phi(10 - \mu)] - 5[1 - \Phi(12 - \mu)] \\
&= 25\Phi(12 - \mu) - 21\Phi(10 - \mu) - 5
\end{aligned}$$

$$\frac{\mathrm{d}E(Y)}{\mathrm{d}\mu} = -25\varphi(12 - \mu) + 21\varphi(10 - \mu) = \frac{1}{\sqrt{2\pi}}[21\mathrm{e}^{-(10-\mu)^2/2} - 25\mathrm{e}^{-(12-\mu)^2/2}]$$

令

$$\frac{\mathrm{d}E(Y)}{\mathrm{d}\mu} = 0$$

得到

$$21\mathrm{e}^{-(10-\mu)^2/2} - 25\mathrm{e}^{-(12-\mu)^2/2} = 0$$

即

$$\mu = 11 - \frac{1}{2}\ln\frac{25}{21} \approx 10.9$$

由此可见,当 $\mu \approx 10.9$ mm 时,平均利润最大.

6. (1) 记 X_i 为组装第 i 件产品的时间(单位:min),则由 $X_i \sim e(\lambda)$ 和 $E(X_i) = 1/\lambda = 10$ 知, $\mathrm{Var}(X_i) = 1/\lambda^2 = 100$.

由林德伯格-列维中心极限定理可得所求概率为

$$P\left(15 \times 60 < \sum_{i=1}^{100} X_i < 20 \times 60\right) \approx \Phi\left(\frac{1200 - 100 \times 10}{\sqrt{100 \times 100}}\right) - \Phi\left(\frac{900 - 100 \times 10}{\sqrt{100 \times 100}}\right)$$

$$= \Phi(2) - \Phi(-1) = 0.8185$$

(2) 设 16 h 内最多可组装 n 件产品. 依题意可列出概率不等式

$$P\left(\sum_{i=1}^{n} X_i \leqslant 16 \times 60\right) \geqslant 0.95$$

由林德伯格-列维中心极限定理,上式可化为

$$\Phi\left(\frac{960 - 10n}{\sqrt{100n}}\right) \geqslant 0.95 \quad \text{或} \quad \frac{96 - n}{\sqrt{n}} \geqslant 1.645$$

由此可得 $n \leqslant 81.18$. 可见在 16 h 内最多可组装 81 件产品的概率不低于 95%.

7. 注意到 $a > 0$,从而有

$$P(X > a) = \int_a^{+\infty} f(x)\mathrm{d}x \leqslant \int_a^{+\infty} \frac{x}{a}f(x)\mathrm{d}x \leqslant \frac{1}{a}\int_0^{+\infty} xf(x)\mathrm{d}x$$

$$= \frac{1}{a}\left[\int_0^{+\infty} xf(x)\mathrm{d}x + \int_{-\infty}^0 xf(x)\mathrm{d}x\right]$$

$$= \frac{1}{a}\int_{-\infty}^{+\infty} xf(x)\mathrm{d}x$$

$$= \frac{E(X)}{a}$$

8. 从 a_n 的表达式可以看出,若 $X_1, X_2, \cdots, X_n$ 相互独立且同服从参数为 1 的泊松分布,则 $S_n = X_1 + X_2 + \cdots + X_n$ 服从参数为 n 的泊松分布,且有

$$a_n = \sum_{k=0}^{n} \frac{n^k}{k!}\mathrm{e}^{-n} = \sum_{k=0}^{n} P(S_n = k) = P(S_n \leqslant n)$$

因为

$$E(S_n) = \mathrm{Var}(S_n) = n$$

所以由林德伯格-列维中心极限定理可得

$$\lim_{n \to \infty} a_n = \lim_{n \to \infty} P(S_n \leqslant n) = \lim_{n \to \infty} P\left(\frac{S_n - n}{\sqrt{n}} \leqslant 0\right) = \Phi(0) = \frac{1}{2}$$

第4章 抽 样 分 布

【学习目标】

本章学习目标如下：

1. 理解总体和样本的概念；能由总体分布正确地写出样本的联合分布；了解样本(经验)分布函数的概念、性质和作用.

2. 理解样本均值、样本方差、样本矩等统计量的概念；掌握样本均值、样本方差的计算；了解样本矩的性质.

3. 了解 χ^2 分布、t 分布、F 分布的概念和性质. 会查这些分布的上侧分位数表.

4. 掌握常用的正态总体的抽样分布，例如 $\bar{x}, \dfrac{(n-1)s^2}{\sigma^2}, \dfrac{\bar{x}-\mu}{s}\sqrt{n}$ 等的分布.

本章学习重点是总体、样本以及统计量的概念，样本均值和样本方差的计算，常用的正态总体的抽样分布；学习难点是由总体分布正确地写出样本的联合分布，χ^2 分布、t 分布、F 分布的概念和性质，常用的正态总体的抽样分布.

【内容提要】

1. 总体与样本

（1）总体

在数理统计中，常把研究对象的某一个(或多个)数量指标的全体称为总体(或母体)，而把总体中的每个元素称为样品(或个体). 总体是一个随机变量，通常用 X 表示，称其分布为总体分布.

（2）样本

从总体中抽取的部分样品 $x_1, x_2, \cdots, x_n$ 称为样本，样本中所含的样品数称为样本容量，简称样本量. 特别地，若样本 $x_1, x_2, \cdots, x_n$ 是 n 个相互独立且与总体同分布的随机变量，则称这样的样本为简单随机样本. 本书只讨论简单随机样本，以后所提到的样本均指简单随机样本. 在一次抽样后,样本 $x_1, x_2, \cdots, x_n$ 就是 n 个具体的数值,此时称为样本值. 为叙述简洁,本书对样本和样本值所使用的符号不加区别,即对 $x_1, x_2, \cdots, x_n$ 赋予双重意义,在泛指任一次抽样结果时,$x_1, x_2, \cdots, x_n$ 表示 n 个随机变量(样本);在具体的一次抽样之后,$x_1, x_2, \cdots, x_n$ 表示 n 个具体的数值(样本值).

(3) 样本的联合分布

若总体 X 具有分布函数 $F(x)$,则样本 $x_1, x_2, \cdots, x_n$ 的联合分布函数为

$$F^*(x_1, x_2, \cdots, x_n) = \prod_{i=1}^{n} F(x_i)$$

若 X 为离散型随机变量,其分布列为 $P(X=x) = p(x)$,则样本 $x_1, x_2, \cdots, x_n$ 的联合分布列为

$$p^*(x_1, x_2, \cdots, x_n) = \prod_{i=1}^{n} p(x_i)$$

若 X 为连续型随机变量,其密度函数为 $f(x)$,则样本 $x_1, x_2, \cdots, x_n$ 的联合密度函数为

$$f^*(x_1, x_2, \cdots, x_n) = \prod_{i=1}^{n} f(x_i)$$

2. 统计量

(1) 统计量

设 $x_1, x_2, \cdots, x_n$ 是取自某总体的样本,若 $g(x_1, x_2, \cdots, x_n)$ 是不包含任何未知参数的(分块连续)函数,则称 $g(x_1, x_2, \cdots, x_n)$ 是一个统计量.

下面列出几个常用的统计量:

① 样本均值:$\bar{x} = \dfrac{1}{n} \sum_{i=1}^{n} x_i$;

② 样本方差:$s^2 = \dfrac{1}{n-1} \sum_{i=1}^{n} (x_i - \bar{x})^2$;

③ 样本标准差:$s = \sqrt{\dfrac{1}{n-1} \sum_{i=1}^{n} (x_i - \bar{x})^2}$;

④ 样本 k 阶原点矩:$a_k = \dfrac{1}{n} \sum_{i=1}^{n} x_i^k \ (k=1,2,\cdots)$;

⑤ 样本 k 阶中心矩:$b_k = \dfrac{1}{n} \sum_{i=1}^{n} (x_i - \bar{x})^k \ (k=2,3,\cdots)$.

(2) 样本矩与总体矩的关系

设总体 X 具有期望 $E(X)=\mu$ 和方差 $\mathrm{Var}(X)=\sigma^2$,若 $x_1, x_2, \cdots, x_n$ 为取自该总体的样本,则由样本的特性可得

$$E(\bar{x}) = \mu, \quad \mathrm{Var}(\bar{x}) = \frac{\sigma^2}{n} \tag{4.1}$$

$$E(s^2) = \sigma^2 \tag{4.2}$$

值得强调的是,无论总体服从什么分布,上述结论都是正确的,因此它是计算任意总体,特别是非正态总体的样本均值 $\bar{x}$ 和样本方差 s^2 的期望与方差的常用结论.

(3) 样本分布函数

设 $x_1, x_2, \cdots, x_n$ 为取自总体 X 的一个样本,若将样本观测值由小到大排列成 $x_{(1)} \leqslant x_{(2)} \leqslant \cdots \leqslant x_{(n)}$,则称函数

$$F_n(x) = \begin{cases} 0, & x < x_{(1)} \\ \dfrac{k}{n}, & x_{(k)} \leqslant x < x_{(k+1)} \quad (k = 1, 2, \cdots, n-1) \\ 1, & x \geqslant x^{(n)} \end{cases} \tag{4.3}$$

为总体 X 的样本(经验)分布函数.

注 (1) $x_{(i)}$ 称为第 i 个次序统计量,它是样本 $x_1, x_2, \cdots, x_n$ 这样的一个函数,无论样本取怎样的观测值,它总是取将样本观测值由小到大排列后的第 i 个观测值. 其中 $x_{(1)} = \min\{x_1, x_2, \cdots, x_n\}$ 称为最小次序统计量,$x_{(n)} = \max\{x_1, x_2, \cdots, x_n\}$ 称为最大次序统计量. $x_{(1)}, x_{(2)}, \cdots, x_{(n)}$ 称为有序样本.

(2) 样本矩 a_k 和 b_k 就是样本分布函数 $F_n(x)$ 的矩. 事实上,由式(4.3)知,样本分布函数 $F_n(x)$ 是一个离散型分布,均以 $1/n$ 的概率取值于 $x_i (i=1,2,\cdots,n)$. 于是,若按式(3.9)、(3.10)计算 $F_n(x)$ 的 k 阶原点矩和 k 阶中心矩,则分别得到的就是 a_k 和 b_k. 因此样本矩就是样本分布函数的矩. 特别地,样本一阶原点矩 a_1(样本均值)就是样本分布函数的均值,而样本二阶中心矩 b_2 就是样本分布函数的方差. 因此,也有一些统计著作把 b_2 定义为样本方差. 这种定义的缺陷是,b_2 不具有所谓的无偏性,而 s^2 具有无偏性. 这一点在后面的讨论中将会看到(参见式(4.2)). 二者之间的关系如下:

$$b_2 = \frac{n-1}{n} s^2 \tag{4.4}$$

3. 三大统计分布

(1) χ^2 分布

设 $x_1, x_2, \cdots, x_n$ 为取自总体 $N(0,1)$ 的样本,则统计量

$$\chi^2 = x_1^2 + x_2^2 + \cdots + x_n^2 = \sum_{k=1}^{n} x_k^2 \tag{4.5}$$

的密度函数为

$$f_{\chi^2}(x) = \begin{cases} \dfrac{1}{2^{n/2} \Gamma(n/2)} \mathrm{e}^{-x/2} x^{n/2-1}, & x > 0 \\ 0, & x \leqslant 0 \end{cases}$$

此时称 $\chi^2 = \sum\limits_{k=1}^{n} x_k^2$ 服从自由度为 n 的 χ^2 分布,记为 $\chi^2 \sim \chi^2(n)$,其中

$$\Gamma\left(\frac{n}{2}\right) = \int_0^{+\infty} x^{n/2-1} e^{-x} dx$$

所谓自由度 n 是指式(4.5)右端中包含的独立正态变量的个数.

χ^2 分布的性质:

① 可加性:若 $\chi_1^2 \sim \chi^2(n_1)$,$\chi_2^2 \sim \chi^2(n_2)$,且它们相互独立,则

$$\chi_1^2 + \chi_2^2 \sim \chi^2(n_1 + n_2)$$

② 若 $\chi^2 \sim \chi^2(n)$,则 $E(\chi^2) = n$,$\mathrm{Var}(\chi^2) = 2n$;

③ 若 $\chi^2 \sim \chi^2(n)$,则 χ^2 分布的极限分布为 $N(n, 2n)$;

④ 当 n 较大时(一般 $n \geqslant 45$),有下面的近似公式:

$$\chi_\alpha^2(n) \approx \frac{1}{2}\left(u_\alpha + \sqrt{2n-1}\right)^2$$

其中 $\chi_\alpha^2(n)$ 为 $\chi^2(n)$ 分布的 α 上侧分位数,u_α 为标准正态分布的 α 上侧分位数.

注 注意到式(4.5)和性质②,由中心极限定理可以得到性质③. 性质④是费希尔(Fisher)证明的.

(2) t 分布

设 $X \sim N(0,1)$,$Y \sim \chi^2(n)$,且它们相互独立,则统计量

$$t = \frac{X}{\sqrt{Y/n}} \tag{4.6}$$

的密度函数为

$$f_t(x) = \frac{\Gamma[(n+1)/2]}{\sqrt{n\pi}\,\Gamma(n/2)}\left(1 + \frac{x^2}{n}\right)^{-(n+1)/2} \quad (-\infty < x < +\infty)$$

此时称 $t = \dfrac{X}{\sqrt{Y/n}}$ 服从自由度为 n 的 t 分布,记为 $t \sim t(n)$.

t 分布的性质:

① t 分布密度函数 $f_t(x)$ 的图形关于纵轴是对称的,故有

$$t_{1-\alpha}(n) = -t_\alpha(n)$$

其中 $t_\alpha(n)$ 为 t 分布的 α 上侧分位数.

② t 分布的极限分布是标准正态分布. 因此,当 n 较大时(一般 $n \geqslant 45$)有

$$t_\alpha(n) \approx u_\alpha$$

(3) F 分布

设 $U \sim \chi^2(m)$,$V \sim \chi^2(n)$,且 U, V 相互独立,则统计量

$$F = \frac{U/m}{V/n} \tag{4.7}$$

的密度函数

$$f_F(x) = \begin{cases} \dfrac{\Gamma[(m+n)/2]}{\Gamma(m/2)\Gamma(n/2)} \dfrac{(m/n)^{m/2} x^{m/2-1}}{(1+mx/n)^{(m+n)/2}}, & x > 0 \\ 0, & x \leqslant 0 \end{cases}$$

此时称 $F = \dfrac{U/m}{V/n}$ 服从自由度为 (m,n) 的 F 分布,记为 $F \sim F(m,n)$.

F 分布的性质:

① 若 $t \sim t(n)$,则 $t^2 \sim F(1,n)$;

② 若 $F \sim F(m,n)$,则 $\dfrac{1}{F} \sim F(n,m)$;

③ $F_{1-\alpha}(m,n) = \dfrac{1}{F_\alpha(n,m)}$($F_\alpha(n,m)$ 为 F 分布的 α 上侧分位数).

4. 正态总体的抽样分布

(1) 单个正态总体

设 $x_1, x_2, \cdots, x_n$ 是取自正态总体 $N(\mu, \sigma^2)$ 的样本,$\bar{x}$ 和 s^2 分别表示样本均值和样本方差,则

① $\bar{x} \sim N\left(\mu, \dfrac{\sigma^2}{n}\right)$;　　　② $\dfrac{(n-1)s^2}{\sigma^2} \sim \chi^2(n-1)$;

③ $\bar{x}$ 与 s^2 相互独立;　　　④ $\dfrac{\sqrt{n}(\bar{x}-\mu)}{s} \sim t(n-1)$.

(2) 两个正态总体

设 $x_1, x_2, \cdots, x_m$ 与 $y_1, y_2, \cdots, y_n$ 是分别来自正态总体 $N(\mu_1, \sigma_1^2)$ 和 $N(\mu_2, \sigma_2^2)$ 的样本,且两样本相互独立,则

① $\dfrac{s_1^2/\sigma_1^2}{s_2^2/\sigma_2^2} \sim F(m-1, n-1)$;

② 当 $\sigma_1^2 = \sigma_2^2 = \sigma^2$ 时,有 $\dfrac{\bar{x} - \bar{y} - (\mu_1 - \mu_2)}{s_w \sqrt{1/m + 1/n}} \sim t(m+n-2)$.

其中

$$\bar{x} = \frac{1}{m} \sum_{i=1}^{m} x_i, \quad \bar{y} = \frac{1}{n} \sum_{j=1}^{n} y_j$$

$$s_1^2 = \frac{1}{m-1} \sum_{i=1}^{m} (x_i - \bar{x})^2, \quad s_2^2 = \frac{1}{n-1} \sum_{j=1}^{n} (y_j - \bar{y})^2$$

$$s_w^2 = \frac{(m-1)s_1^2 + (n-1)s_2^2}{m+n-2} = \frac{1}{m+n-2}\left[\sum_{i=1}^{m} (x_i - \bar{x})^2 + \sum_{j=1}^{n} (y_j - \bar{y})^2\right]$$

【典型例题解析】

例 4.1 设 $x_1, x_2, \cdots, x_n$ 是取自总体 X 的样本, 试在下列三种情况下, 分别写出样本的联合分布列或联合密度函数.

(1) X 服从参数为 λ 的泊松分布;

(2) X 服从参数为 λ 的指数分布.

解 (1) 由于总体分布列为

$$P(X = x) = \frac{\lambda^x e^{-\lambda}}{x!} \quad (x = 0, 1, 2, \cdots)$$

故样本的联合分布列为

$$p^*(x_1, x_2, \cdots, x_n) = \prod_{i=1}^n p(x_i) = \prod_{i=1}^n \frac{\lambda^{x_i} e^{-\lambda}}{x_i!} = \frac{\lambda^{\sum_{i=1}^n x_i} e^{-n\lambda}}{\prod_{i=1}^n x_i!}$$

$$(x_i = 0, 1, 2, \cdots; i = 1, 2, \cdots, n)$$

(2) 由于总体密度函数为

$$f(x) = \begin{cases} \lambda e^{-\lambda x}, & x > 0 \\ 0, & x \leqslant 0 \end{cases}$$

故样本的联合密度函数为

$$f^*(x_1, x_2, \cdots, x_n) = \prod_{i=1}^n f(x_i) = \begin{cases} \lambda^n e^{-\lambda \sum_{i=1}^n x_i}, & x_i > 0; i = 1, 2, \cdots, n \\ 0, & \text{其他} \end{cases}$$

例 4.2 设 $X \sim N(\mu, \sigma^2)$, x_1, x_2, x_3 是取自总体 X 的样本. 试求样本的联合密度函数和样本均值 $\bar{x}$ 的密度函数.

解 由于总体密度函数为

$$f(x) = \frac{1}{\sqrt{2\pi}\sigma} e^{-(x-\mu)^2/(2\sigma^2)} \quad (-\infty < x < +\infty)$$

故样本的联合密度函数为

$$f^*(x_1, x_2, x_3) = \prod_{i=1}^3 f(x_i) = \frac{1}{(\sqrt{2\pi}\sigma)^3} e^{-\frac{1}{2\sigma^2} \sum_{i=1}^3 (x_i - \mu)^2}$$

$$(-\infty < x_i < +\infty; i = 1, 2, 3)$$

因为 $\bar{x} \sim N(\mu, \sigma^2/3)$, 所以 $\bar{x}$ 的密度函数为

$$g(x) = \frac{\sqrt{3}}{\sqrt{2\pi}\sigma} e^{-3(x-\mu)^2/(2\sigma^2)} \quad (-\infty < x < +\infty)$$

例 4.3 设总体 X 的密度函数为

$$f(x) = \begin{cases} |x|, & |x| < 1 \\ 0, & \text{其他} \end{cases}$$

$x_1, x_2, \cdots, x_{50}$ 是取自该总体的样本. 试求:

(1) $\bar{x}$ 的均值和方差, s^2 与 b_2 的均值;

(2) $P(|\bar{x}| > 0.02)$.

解 (1) 先计算总体 X 的均值和方差:

$$\mu = E(X) = \int_{-1}^{1} x|x| \, \mathrm{d}x = 0$$

$$\sigma^2 = \mathrm{Var}(X) = E(X^2) = \int_{-1}^{1} x^2 |x| \, \mathrm{d}x = \frac{1}{2}$$

注意到 $n = 50$, 利用式(4.1)、(4.2)和(4.4)可得

$$E(\bar{x}) = 0, \quad \mathrm{Var}(\bar{x}) = \frac{\sigma^2}{n} = \frac{1}{100}$$

$$E(s^2) = \sigma^2 = \frac{1}{2}, \quad E(b_2) = \frac{n-1}{n} \sigma^2 = \frac{49}{100}$$

(2) 由于 $\bar{x}$ 近似服从 $N\left(0, \frac{1}{100}\right)$, 故有

$$P(|\bar{x}| > 0.02) = 1 - P(|\bar{x}| \leqslant 0.02) = 1 - P\left(\left|\frac{\bar{x}}{1/10}\right| \leqslant 0.2\right)$$

$$\approx 2 - 2\Phi(0.2) = 0.8414$$

注 本题(2)的解答用到了中心极限定理. 由中心极限定理知, 无论总体服从什么分布, 只要总体具有均值 $E(X) = \mu$ 和方差 $\mathrm{Var}(X) = \sigma^2$, 样本均值 $\bar{x}$ 的极限分布就是 $N\left(\mu, \frac{\sigma^2}{n}\right)$, 由此可知 $\dfrac{\bar{x} - \mu}{\sigma/\sqrt{n}}$ 近似服从 $N(0,1)$.

例 4.4 设 $x_1, x_2, \cdots, x_5$ 是取自正态总体 $N(0, \sigma^2)$ 的一个样本, 问 k 取何值时

$$k \cdot \frac{(x_1 + x_2)^2}{x_3^2 + x_4^2 + x_5^2} \sim F(1, 3)$$

解 由于 $x_i \sim N(0, \sigma^2)$, 故

$$\frac{x_1 + x_2}{\sqrt{2}\sigma} \sim N(0,1), \quad \frac{x_i}{\sigma} \sim N(0,1) \quad (i = 3, 4, 5)$$

于是

$$\left(\frac{x_1 + x_2}{\sqrt{2}\sigma}\right)^2 \sim \chi^2(1), \quad \sum_{i=3}^{5} \left(\frac{x_i}{\sigma}\right)^2 \sim \chi^2(3)$$

由 F 分布的定义知

$$\frac{3}{2} \cdot \frac{(x_1 + x_2)^2}{x_3^2 + x_4^2 + x_5^2} = \frac{\left(\dfrac{x_1 + x_2}{\sqrt{2}\sigma}\right)^2 \bigg/ 1}{\sum\limits_{i=3}^{5} \left(\dfrac{x_i}{\sigma}\right)^2 \bigg/ 3} \sim F(1, 3)$$

可见 $k = \dfrac{3}{2}$.

例 4.5 设 $x_1, x_2, \cdots, x_9$ 是取自正态总体 $N(\mu, \sigma^2)$ 的一个样本, 记

$$y_1 = \frac{1}{6}(x_1 + x_2 + \cdots + x_6), \quad y_2 = \frac{1}{3}(x_7 + x_8 + x_9), \quad s^2 = \frac{1}{2}\sum_{i=7}^{9}(x_i - y_2)^2$$

证明: 统计量 $t = \dfrac{\sqrt{2}(y_1 - y_2)}{s}$ 服从自由度为 2 的 t 分布.

证明 由于 $x_i \sim N(\mu, \sigma^2)$, 故

$$y_1 \sim N\left(\mu, \frac{\sigma^2}{6}\right), \quad y_2 \sim N\left(\mu, \frac{\sigma^2}{3}\right)$$

注意到 y_1 与 y_2 独立, 从而 $y_1 - y_2 \sim N\left(0, \dfrac{\sigma^2}{6} + \dfrac{\sigma^2}{3}\right)$, 即

$$y_1 - y_2 \sim N\left(0, \frac{\sigma^2}{2}\right)$$

于是

$$\frac{\sqrt{2}(y_1 - y_2)}{\sigma} = \frac{y_1 - y_2}{\sigma/\sqrt{2}} \sim N(0, 1)$$

又因为 $\dfrac{2s^2}{\sigma^2} \sim \chi^2(2)$, 且 y_1 与 s^2 独立, y_2 与 s^2 独立, 所以 $y_1 - y_2$ 与 s^2 独立. 因此, 由 t 分布的定义知

$$t = \frac{\sqrt{2}(y_1 - y_2)}{s} = \frac{\sqrt{2}(y_1 - y_2)/\sigma}{\sqrt{(2s^2/\sigma^2)/2}} \sim t(2)$$

例 4.6 设 $x_1, x_2, \cdots, x_n$ 是取自某总体的一个容量为 n 的样本,

$$\bar{x}_n = \frac{1}{n}\sum_{i=1}^{n}x_i, \quad s_n^2 = \frac{1}{n-1}\sum_{i=1}^{n}(x_i - \bar{x}_n)^2$$

现又获得了第 $n+1$ 个样品 x_{n+1}, 证明:

$$\bar{x}_{n+1} = \frac{n}{n+1}\bar{x}_n + \frac{x_{n+1}}{n+1} \tag{4.8}$$

$$s_{n+1}^2 = \frac{n-1}{n}s_n^2 + \frac{1}{n+1}(x_{n+1} - \bar{x}_n)^2 \tag{4.9}$$

证明 先证式(4.8):

$$\bar{x}_{n+1} = \frac{1}{n+1}(x_1 + x_2 + \cdots + x_n + x_{n+1})$$

$$= \frac{n}{n+1} \cdot \frac{1}{n}(x_1 + x_2 + \cdots + x_n) + \frac{x_{n+1}}{n+1}$$

$$= \frac{n}{n+1}\bar{x}_n + \frac{x_{n+1}}{n+1}.$$

下证式(4.9):

$$s_{n+1}^2 = \frac{1}{n} \sum_{i=1}^{n+1} (x_i - \bar{x}_{n+1})^2 = \frac{1}{n} \sum_{i=1}^{n+1} \left(x_i - \frac{n}{n+1} \bar{x}_n - \frac{x_{n+1}}{n+1} \right)^2$$

$$= \frac{1}{n} \sum_{i=1}^{n} \left[(x_i - \bar{x}_n) + \left(\frac{\bar{x}_n}{n+1} - \frac{x_{n+1}}{n+1} \right) \right]^2 + \frac{1}{n} \left(x_{n+1} - \frac{n\bar{x}_n}{n+1} - \frac{x_{n+1}}{n+1} \right)^2$$

$$= \frac{n-1}{n} \cdot \frac{1}{n-1} \sum_{i=1}^{n} (x_i - \bar{x}_n)^2 + \frac{2}{n} \cdot \frac{1}{n+1} (\bar{x}_n - x_{n+1}) \sum_{i=1}^{n} (x_i - \bar{x}_n)$$

$$+ \frac{(\bar{x}_n - x_{n+1})^2}{(n+1)^2} + \frac{n}{(n+1)^2} (x_{n+1} - \bar{x}_n)^2$$

$$= \frac{n-1}{n} s_n^2 + \frac{1}{n+1} (x_{n+1} - \bar{x}_n)^2$$

注 本题结果表明,当容量为 n 的样本增加一个样品时,$n+1$ 个数据构成的新样本的均值和方差无需从头算起,只需根据前 n 个数据已求出的均值和方差以及增加的第 $n+1$ 个数据,由式(4.8)和(4.9)算得. 证明最后一步时用到下面的习题 4(1).

【习题选解】

4. 设 $x_1, x_2, \cdots, x_n$ 为来自总体 X 的样本,其样本均值为 $\bar{x}$. 证明:

(1) 所有样本偏差之和为 0,即 $\sum_{i=1}^{n} (x_i - \bar{x}) = 0$;

(2) 在关于 c 的函数 $\sum_{i=1}^{n} (x_i - c)^2$ 中,当 $c = \bar{x}$ 时,偏差平方和 $\sum_{i=1}^{n} (x_i - \bar{x})^2$ 最小.

证明 (1) 是明显的;下证(2),对任意给定的常数 c,由下式立明:

$$\sum_{i=1}^{n} (x_i - c)^2 = \sum_{i=1}^{n} (x_i - \bar{x} + \bar{x} - c)^2$$

$$= \sum_{i=1}^{n} (x_i - \bar{x})^2 + n(\bar{x} - c)^2 + 2(\bar{x} - c) \sum_{i=1}^{n} (x_i - \bar{x})$$

$$= \sum_{i=1}^{n} (x_i - \bar{x})^2 + n(\bar{x} - c)^2 \geqslant \sum_{i=1}^{n} (x_i - \bar{x})^2$$

10. 某大型电子商场从甲、乙两个电子元件厂各购进一大批同型号的电子元件. 已知甲、乙两厂产品的寿命均服从正态分布,其中甲厂产品的平均寿命为 4900 小时,标准差为 100 小时,乙厂产品的平均寿命为 4800 小时,标准差为 100 小时,今从甲、乙两厂来货中各抽 100 件,试求抽自甲厂元件的平均寿命比抽自乙厂的多 100 小时以上的概率.

解 以 X,Y 分别表示甲厂与乙厂电子元件的寿命,则 $X \sim N(4900,100^2)$,$Y \sim N(4800,100^2)$. 设 $x_1,x_2,\cdots,x_{100}$ 和 $y_1,y_2,\cdots,y_{100}$ 分别为从总体 X 与 Y 中抽取的样本,则 $\bar{x} \sim N(4900,100)$,$\bar{y} \sim N(4800,100)$. 显然,两样本相互独立,故 $\bar{x} - \bar{y} \sim N(100,200)$. 于是,所求概率为

$$P(\bar{x} - \bar{y} > 100) = P\left(\frac{\bar{x} - \bar{y} - 100}{\sqrt{200}} > 0\right) = 1 - \Phi(0) = \frac{1}{2}$$

12. 设 $x_1,x_2,\cdots,x_{25}$ 是取自总体 $N(3,100)$ 的样本,$\bar{x},s^2$ 分别为样本均值和样本方差,求 $P(0 < \bar{x} < 6, 57.7 < s^2 < 151.73)$.

解 由题设可知

$$\bar{x} \sim N(3,4), \qquad \frac{6}{25}s^2 = \frac{(25-1)s^2}{100} \sim \chi^2(24)$$

且 $\bar{x}$ 与 s^2 独立,故有

$$P(0 < \bar{x} < 6, 57.7 < s^2 < 151.73) = P(0 < \bar{x} < 6)P(57.7 < s^2 < 151.73)$$

而

$$P(0 < \bar{x} < 6) = P\left(\frac{0-3}{2} < \frac{\bar{x}-3}{2} < \frac{6-3}{2}\right) = 2\Phi\left(\frac{3}{2}\right) - 1 = 0.8664$$

注意到 $\chi^2_{0.05}(24) = 36.42, \chi^2_{0.95}(24) = 13.85$,我们有

$$P(57.7 < s^2 < 151.73) = P\left(\frac{6 \times 57.7}{25} < \frac{6s^2}{25} < \frac{6 \times 151.73}{25}\right)$$

$$\approx P\left(13.85 < \frac{6s^2}{25} < 36.42\right)$$

$$= 0.95 - 0.05$$

$$= 0.90$$

因此,所求概率为

$$P(0 < \bar{x} < 6, 57.7 < s^2 < 151.73) \approx 0.8664 \times 0.90 = 0.7798$$

14. 设 x_1,x_2 为取自正态总体 $N(0,\sigma^2)$ 的一个样本.

(1) 证明:$x_1 + x_2$ 与 $x_1 - x_2$ 相互独立;

(2) 记 $Y = \dfrac{(x_1+x_2)^2}{(x_1-x_2)^2}$,求 Y 的分布,并计算 $P(Y < 40)$.

证明 (1) 由题设知,$x_1 + x_2 \sim N(0,2\sigma^2)$,$x_1 - x_2 \sim N(0,2\sigma^2)$,注意到 x_1,x_2 独立,故

$$\text{Cov}(x_1 + x_2, x_1 - x_2) = \text{Var}(x_1) - \text{Var}(x_2) = 0$$

所以 $x_1 + x_2$ 与 $x_1 - x_2$ 不相关. 由正态分布独立与不相关等价的结论知,$x_1 + x_2$ 与 $x_1 - x_2$ 相互独立.

(2) 因为 $x_1 + x_2 \sim N(0,2\sigma^2)$,$x_1 - x_2 \sim N(0,2\sigma^2)$,故

$$\left(\frac{x_1+x_2}{\sqrt{2}\sigma}\right)^2 \sim \chi^2(1), \quad \left(\frac{x_1-x_2}{\sqrt{2}\sigma}\right)^2 \sim \chi^2(1)$$

又因为 x_1+x_2 与 x_1-x_2 相互独立,故有

$$Y = \frac{(x_1+x_2)^2}{(x_1-x_2)^2} = \frac{\left(\dfrac{x_1+x_2}{\sqrt{2}\sigma}\right)^2}{\left(\dfrac{x_1-x_2}{\sqrt{2}\sigma}\right)^2} \sim F(1,1)$$

在 Excel 软件中,输入"=F. DIST(40,1,1,1)"可得

$$P(Y<40) = P(F(1,1)<40) \approx 0.9$$

注 Excel 软件中的函数 F. DIST(x,Deg_freedom1, Deg_freedom2,Cumulative)表示返回自由度为 Deg_freedom1 和 Deg_freedom2 的 F 分布在 x 处的概率分布值. 其中 Cumulative 是逻辑值,当 Cumulative=1(TRUE)时,返回 F 分布在 x 处的分布函数值;当 Cumulative=0(FALSE)时,返回 F 分布在 x 处的密度函数值.

15. 设 $x_1,x_2,\cdots,x_n,x_{n+1}$ 为取自总体 $N(\mu,\sigma^2)$ 的样本,记

$$\bar{x} = \frac{1}{n}\sum_{i=1}^{n}x_i, \quad s^2 = \frac{1}{n-1}\sum_{i=1}^{n}(x_i-\bar{x})^2, \quad s = \sqrt{s^2}$$

求证:$\sqrt{\dfrac{n}{n+1}}\dfrac{x_{n+1}-\bar{x}}{s}\sim t(n-1)$.

证明 由题设知,$x_{n+1}\sim N(\mu,\sigma^2)$,$\bar{x}\sim N\left(\mu,\dfrac{\sigma^2}{n}\right)$,且 x_{n+1} 与 $\bar{x}$ 独立,故

$$x_{n+1}-\bar{x} \sim N\left(0,\frac{n+1}{n}\sigma^2\right)$$

又因为

$$\frac{(n-1)s^2}{\sigma^2} \sim \chi^2(n-1)$$

而 x_{n+1} 与 s^2 独立,$\bar{x}$ 与 s^2 独立,故 $x_{n+1}-\bar{x}$ 与 s^2 独立. 因此有

$$\sqrt{\frac{n}{n+1}}\frac{x_{n+1}-\bar{x}}{s} = \frac{(x_{n+1}-\bar{x})/\sqrt{\dfrac{n+1}{n}\sigma^2}}{\sqrt{\dfrac{(n-1)s^2}{\sigma^2}/(n-1)}} \sim t(n-1)$$

【自测题】

1. 单项选择题

(1) 设随机变量 X 与 Y 都服从标准正态分布,则(　　).

A. $X+Y$ 服从正态分布　　　　　　　　B. X^2+Y^2 服从 χ^2 分布

C. X^2 和 Y^2 服从 χ^2 分布　　　　　D. X^2/Y^2 服从 F 分布

(2) 设 x_1,x_2,x_3,x_4 为取自总体 $N(1,\sigma^2)$ 的样本,则统计量 $\dfrac{x_1-x_2}{|x_3+x_4-2|}$ 服从的分布为(　　).

A. $N(0,1)$　　　　　B. $t(1)$　　　　　C. $\chi^2(1)$　　　　　D. $F(1,1)$

(3) 设 $x_1,x_2,\cdots,x_n(n\geq2)$ 为取自总体 $N(0,1)$ 的样本,$\bar{x}$ 为样本均值,s^2 为样本方差,则(　　).

A. $n\bar{x}\sim N(0,1)$　　　　　　　　　　B. $ns^2\sim\chi^2(n)$

C. $\dfrac{(n-1)\bar{x}}{s}\sim t(n-1)$　　　　　D. $\dfrac{(n-1)x_1^2}{\sum\limits_{i=2}^{n}x_i^2}\sim F(1,n-1)$

(4) 设随机变量 $X\sim t(n)$,$Y\sim F(1,n)$. 给定 $\alpha(0<\alpha<0.5)$,常数 c 满足 $P(X>c)=\alpha$,则 $P(Y>c^2)=(　　)$.

A. α　　　　　B. $1-\alpha$　　　　　C. 2α　　　　　D. $1-2\alpha$

(5) 设 $x_1,x_2,\cdots,x_n(n\geq2)$ 为取自总体 $\chi^2(n)$ 的样本,$\bar{x}$ 为样本均值,则 $E(\bar{x})$ 与 $\mathrm{Var}(\bar{x})$ 的值为(　　).

A. $E(\bar{x})=n,\mathrm{Var}(\bar{x})=2n$　　　　B. $E(\bar{x})=n,\mathrm{Var}(\bar{x})=2$

C. $E(\bar{x})=1,\mathrm{Var}(\bar{x})=2n$　　　　D. $E(\bar{x})=\dfrac{1}{n},\mathrm{Var}(\bar{x})=n$

2. 填空题

(1) 从某总体中抽取一个容量为 5 的样本观测值为 8,2,5,3,7,则样本均值 $\bar{x}=$＿＿＿＿＿;样本方差 $s^2=$＿＿＿＿＿.

(2) 设总体 X 的密度函数为 $f(x)=\dfrac{1}{2}\mathrm{e}^{-|x|}$ $(-\infty<x<+\infty)$,$x_1,x_2,\cdots,x_n$ 为取自该总体的样本,s^2 为样本方差,则 $E(s^2)=$＿＿＿＿＿.

(3) 设随机变量 $X\sim F(m,m)$,且 a 满足条件 $P(X>a)=0.05$,则 $P\left(X>\dfrac{1}{a}\right)=$＿＿＿＿＿.

(4) 设 $x_1,x_2,\cdots,x_n$ 为取自总体 $N(0,\sigma^2)$ 的样本,若统计量 $T=c\left(\sum\limits_{i=1}^{n}x_i\right)^2$ 服从 χ^2 分布,则 $c=$＿＿＿＿＿.

(5) 设随机变量 X 服从 t 分布,若 $Y=\dfrac{1}{X^2}$,则 Y 服从＿＿＿＿＿分布.

3. 设 $x_1,x_2,\cdots,x_8$ 为取自总体 $N(8.5,6^2)$ 的样本,求下列概率:

(1) $P(\max\{x_1,x_2,\cdots,x_8\}>10)$;

(2) $P(\min\{x_1, x_2, \cdots, x_8\} \leqslant 5)$.

4. 设 $x_1, x_2, \cdots, x_{10}$ 是取自正态总体 $N(\mu, 0.5^2)$ 的样本.

(1) 已知 $\mu = 0$，求 $P\left(\sum_{i=1}^{10} x_i^2 > 4\right)$；

(2) 未知 μ，求 $P\left(\sum_{i=1}^{10} (x_i - \bar{x})^2 > 2.85\right)$.

5. 设某厂生产的灯泡的使用寿命 $X \sim N(1000, \sigma^2)$（单位：h），随机抽取一个容量为 9 的样本，得到了样本均值和样本方差. 但由于工作上的失误，事后丢失了此试验的结果，只记得样本方差 $s^2 = 100^2$，试求 $P(\bar{x} > 1062)$.

【自测题解答】

1. (1) C; (2) B; (3) D; (4) C; (5) B.

2. (1) $5, 6.5$; (2) 2; (3) 0.95; (4) $\dfrac{1}{n\sigma^2}$; (5) F.

3. 因样品与总体同分布，故 $x_i \sim N(8.5, 6^2)(i = 1, 2, \cdots, 8)$；又因为样本具有独立性，因此有

(1) $P(\max\{x_1, x_2, \cdots, x_8\} > 10) = 1 - P(\max\{x_1, x_2, \cdots, x_8\} \leqslant 10)$

$$= 1 - P(x_1 \leqslant 10, x_2 \leqslant 10, \cdots, x_8 \leqslant 10)$$

$$= 1 - \prod_{i=1}^{8} P(x_i \leqslant 10)$$

$$= 1 - [\Phi(0.25)]^8$$

$$\approx 0.9835$$

(2) $P(\min\{x_1, x_2, \cdots, x_8\} \leqslant 5) = 1 - P(\min\{x_1, x_2, \cdots, x_8\} > 5)$

$$= 1 - P(x_1 > 5, x_2 > 5, \cdots, x_8 > 5)$$

$$= 1 - \prod_{i=1}^{8} P(x_i > 5)$$

$$\approx 1 - [1 - \Phi(-0.58)]^8$$

$$= 1 - [\Phi(0.58)]^8$$

$$\approx 0.9286$$

4. (1) 当 $\mu = 0$ 时，$\dfrac{x_i}{\sigma} \sim N(0, 1)$，故由 χ^2 分布的定义知

$$\chi^2 = \frac{1}{\sigma^2} \sum_{i=1}^{10} x_i^2 \sim \chi^2(10)$$

所以 $P\left(\sum_{i=1}^{10} x_i^2 > 4\right) = P\left(\frac{1}{\sigma^2} \sum_{i=1}^{10} x_i^2 > \frac{4}{0.5^2}\right) = P\left(\frac{1}{\sigma^2} \sum_{i=1}^{10} x_i^2 > 16.0\right)$.

又因为 $\chi^2_{0.10}(10)=16.0$,因此得

$$P\Big(\sum_{i=1}^{10} x_i^2 > 4\Big) = 0.10$$

(2) 当 μ 未知时,使用样本方差 $s^2 = \dfrac{1}{n-1}\sum_{i=1}^{n} (x_i - \bar{x})^2$,此时

$$\chi^2 = \frac{(n-1)s^2}{\sigma^2} = \frac{1}{\sigma^2}\sum_{i=1}^{10} (x_i - \bar{x})^2 \sim \chi^2(9)$$

$$P\Big(\sum_{i=1}^{10} (x_i - \bar{x})^2 > 2.85\Big) = P\Big(\frac{1}{\sigma^2}\sum_{i=1}^{10} (x_i - \bar{x})^2 > \frac{2.85}{0.5^2}\Big)$$
$$= P(\chi^2 > 11.4)$$

又因为 $\chi^2_{0.25}(9)=11.4$,因此得

$$P\Big(\sum_{i=1}^{10} (x_i - \bar{x})^2 > 2.85\Big) = 0.25$$

5. 因总体方差 σ^2 未知,但样本方差已知,故使用下面统计量

$$t = \frac{\bar{x} - \mu}{s/\sqrt{n}} \sim t(n-1)$$

由题设知

$$t = \frac{\bar{x} - 1000}{100/\sqrt{9}} \sim t(8)$$

于是

$$P(\bar{x} > 1062) = P\Big(\frac{\bar{x} - 1000}{100/3} > \frac{1062 - 1000}{100/3}\Big) = P\Big(\frac{\bar{x} - 1000}{100/3} > 1.86\Big)$$

由于 $t_{0.05}(8)=1.8595 \approx 1.86$,故

$$P(\bar{x} > 1062) \approx 0.05$$

第5章 参数估计

【学习目标】

本章学习目标如下:

1. 理解参数的点估计、估计量与估计值的概念.

2. 掌握矩估计法(一阶、二阶矩)和最大似然估计法.

3. 了解估计量的评价标准(无偏性、有效性、相合性),会验证估计量的无偏性.

4. 理解区间估计的概念,掌握单个正态总体的均值和方差的置信区间的求法;了解两个正态总体的均值差和方差比的置信区间.

本章学习重点是求点估计的矩估计法和最大似然估计法,估计量的无偏性,以及单个正态总体的均值和方差的置信区间;学习难点是最大似然原理及其应用,两个正态总体的均值差和方差比的置信区间.

【内容提要】

设总体 $X \sim p(x, \theta)$ (在离散场合, $p(x, \theta)$ 是 $X = x$ 的概率;在连续场合, $p(x, \theta)$ 是 $X = x$ 的密度函数值), $p(x, \theta)$ 的形式已知,其中, θ 是一个未知参数或几个未知参数组成的向量, $\theta \in \Theta$ (Θ 是参数空间). 用取自该总体的样本 $x_1, x_2, \cdots, x_n$ 来估计未知参数 θ ,这类问题称为参数估计问题. 参数估计分为点估计和区间估计.

1. 点估计

设总体 $X \sim p(x; \theta_1, \theta_2, \cdots, \theta_k)$,其中 $\theta_1, \theta_2, \cdots, \theta_k (k \geqslant 1)$ 为未知参数, $x_1, x_2, \cdots, x_n$ 为取自该总体的样本. 点估计就是构造一个适当的统计量 $\hat{\theta}_i = \hat{\theta}_i(x_1, x_2, \cdots, x_n)(i = 1, 2, \cdots, k)$ (称为 $\theta_i(i = 1, 2, \cdots, k)$ 的估计量),用它的一个观测值(称为 $\theta_i(i = 1, 2, \cdots, k)$ 的估计值)来估计未知参数 $\theta_i(i = 1, 2, \cdots, k)$. 在不致混淆的情况下,估计量与估计值统称为估计.

(1) 矩估计法

基于样本矩 $a_j = \dfrac{1}{n}\sum_{i=1}^{n} x_i^j$ 依概率收敛于相应的总体矩 $\mu_j = E(X^j)$，样本矩的 (连续) 函数依概率收敛于相应的总体矩的 (连续) 函数，因此可用样本矩的 (连续) 函数作为相应的总体矩的 (连续) 函数的估计，这种估计方法称为矩估计法. 其一般步骤如下：

① 计算总体矩 $\mu_j = E(X^j)$，它是 $\theta_1,\theta_2,\cdots,\theta_k$ 的函数，记为

$$\mu_j = \mu_j(\theta_1,\theta_2,\cdots,\theta_k) \quad (j=1,2,\cdots,k) \tag{5.1}$$

② 从式 (5.1) 中解出 $\theta_j(j=1,2,\cdots,k)$ (若有解的话)：

$$\theta_j = \theta_j(\mu_1,\mu_2,\cdots,\mu_k) \quad (j=1,2,\cdots,k) \tag{5.2}$$

③ 用样本矩 a_j 替换总体矩 μ_j，记为

$$\hat{\theta}_j = \hat{\theta}_j(a_1,a_2,\cdots,a_k) \quad (j=1,2,\cdots,k) \tag{5.3}$$

称 $\hat{\theta}_j(j=1,2,\cdots,k)$ 为未知参数 $\theta_j(j=1,2,\cdots,k)$ 的矩估计.

注　矩估计法的想法十分简单明确，就是"用样本矩替换总体矩"，称之为替换原理. 根据这个替换原理，在总体分布形式未知的情况下，只要知道未知参数与总体矩的关系 (如式 (5.2))，就能求出其矩估计.

(2) 最大似然估计法

① 最大似然原理

设一个随机现象有若干个可能结果 A，B，C，$\cdots$，若在一次试验中 A 出现了，则认为 A 出现的概率最大. 简言之，"在一次试验中发生了的事件的概率最大". 这就是最大似然原理. 它是最大似然估计的基本思想.

② 最大似然估计

设总体 $X \sim p(x;\theta_1,\theta_2,\cdots,\theta_k)$，$\theta_1,\theta_2,\cdots,\theta_k$ 是未知参数，$x_1,x_2,\cdots,x_n$ 为取自该总体的样本，样本的联合分布为

$$L(x_1,x_2,\cdots,x_n;\theta_1,\theta_2,\cdots,\theta_k) = \prod_{i=1}^{n} p(x_i;\theta_1,\theta_2,\cdots,\theta_k) \tag{5.4}$$

在取得样本值之后，它是 $\theta_1,\theta_2,\cdots,\theta_k$ 的函数，称为似然函数，简记为 $L(\theta_1,\theta_2,\cdots,\theta_k)$. 按照最大似然原理，将使得 $L(\theta_1,\theta_2,\cdots,\theta_k)$ 达到最大的 $\hat{\theta}_1,\hat{\theta}_2,\cdots,\hat{\theta}_k$ 分别作为 $\theta_1,\theta_2,\cdots,\theta_k$ 的估计值，即 $\hat{\theta}_1,\hat{\theta}_2,\cdots,\hat{\theta}_k$ 满足

$$L(\hat{\theta}_1,\hat{\theta}_2,\cdots,\hat{\theta}_k) = \max_{(\theta_1,\theta_2,\cdots,\theta_k)\in\Theta} L(\theta_1,\theta_2,\cdots,\theta_k) \tag{5.5}$$

$\hat{\theta}_j(j=1,2,\cdots,k)$ 与样本有关，记为

$$\hat{\theta}_j = \hat{\theta}_j(x_1,x_2,\cdots,x_n) \quad (j=1,2,\cdots,k)$$

称为 $\theta_j(j=1,2,\cdots,k)$ 的最大似然估计.

若 $L(\theta_1,\theta_2,\cdots,\theta_k)$ 是 $\theta_j(j=1,2,\cdots,k)$ 的可导函数,称

$$\frac{\partial \ln L(\theta_1,\theta_2,\cdots,\theta_k)}{\partial \theta_j}=0 \quad (j=1,2,\cdots,k) \tag{5.6}$$

为似然方程组,则最大似然估计 $\hat{\theta}_1,\hat{\theta}_2,\cdots,\hat{\theta}_k$ 一般可以通过解似然方程组得到.

注 若似然方程(5.6)有唯一解,则此解一般就是所求参数的最大似然估计;若解不唯一,则需检验;若似然方程无解,则应直接从求似然函数的最大值点来得到最大似然估计.

2. 估计量的评价标准

(1) 无偏性

设 $\hat{\theta}=\hat{\theta}(x_1,x_2,\cdots,x_n)$ 是未知参数 θ 的一个估计量,若

$$E(\hat{\theta})=\theta$$

则称 $\hat{\theta}$ 为 θ 的无偏估计量,否则称 $\hat{\theta}$ 为 θ 的有偏估计量;若

$$\lim_{n\to\infty}E(\hat{\theta})=\theta$$

则称 $\hat{\theta}$ 为 θ 的渐近无偏估计量.

注 设总体均值 $E(X)=\mu$,方差 $\mathrm{Var}(X)=\sigma^2$,$x_1,x_2,\cdots,x_n$ 为取自该总体 X 的样本,则

① $\bar{x}=\dfrac{1}{n}\sum_{i=1}^{n}x_i$ 是 μ 的无偏估计量;

② $s^2=\dfrac{1}{n-1}\sum_{i=1}^{n}(x_i-\bar{x})^2$ 是 σ^2 的无偏估计量,但 $b_2=\dfrac{1}{n}\sum_{i=1}^{n}(x_i-\bar{x})^2$ 不是 σ^2 的无偏估计量;

③ $b_2=\dfrac{1}{n}\sum_{i=1}^{n}(x_i-\bar{x})^2$ 是 σ^2 的渐近无偏估计量.

(2) 有效性

设 $\hat{\theta}_1=\hat{\theta}_1(x_1,x_2,\cdots,x_n)$ 和 $\hat{\theta}_2=\hat{\theta}_2(x_1,x_2,\cdots,x_n)$ 都是参数 θ 的无偏估计量,若对任意的 $\theta\in\Theta$,都有

$$\mathrm{Var}(\hat{\theta}_1)\leqslant\mathrm{Var}(\hat{\theta}_2)$$

且至少对某一个 $\theta_0\in\Theta$,上式中的不等号严格成立,则称 $\hat{\theta}_1$ 比 $\hat{\theta}_2$ 有效.

(3) 相合性(一致性)

设 $\hat{\theta}_n=\hat{\theta}(x_1,x_2,\cdots,x_n)$ 是参数 θ 的估计量,若 $\hat{\theta}_n$ 依概率收敛于 θ,即对任意 $\varepsilon>0$,均有

$$\lim_{n\to\infty}P(|\hat{\theta}_n-\theta|<\varepsilon)=1$$

则称 $\hat{\theta}_n$ 是 θ 的相合估计量.

注 由大数定律及依概率收敛的性质知,矩估计量一般都具有相合性. 例如:

① 样本均值是总体均值的相合估计量;

② 样本二阶中心矩是总体方差的相合估计量.

3. 区间估计

设总体 $X \sim p(x;\theta)$,其中 θ 是一个未知参数,$x_1, x_2, \cdots, x_n$ 为取自该总体的样本. 所谓区间估计,就是构造两个统计量 $\underline{\theta} = \underline{\theta}(x_1, x_2, \cdots, x_n)$ 和 $\bar{\theta} = \bar{\theta}(x_1, x_2, \cdots, x_n)(\underline{\theta} < \bar{\theta})$,用随机区间 $(\underline{\theta}, \bar{\theta})$ 来估计未知参数 θ 的可能取值范围的一种估计.

(1) 置信区间

对于给定的 $\alpha(0 < \alpha < 1)$,若随机区间 $(\underline{\theta}, \bar{\theta})$ 满足

$$P(\underline{\theta} < \theta < \bar{\theta}) = 1 - \alpha \tag{5.7}$$

则称 $(\underline{\theta}, \bar{\theta})$ 为 θ 的置信度为 $1 - \alpha$ 的(**双侧**)置信区间,$1 - \alpha$ 称为置信度,$\underline{\theta}$ 和 $\bar{\theta}$ 分别称为 θ 的**置信下限**和**置信上限**;若只考虑

$$P(\underline{\theta} < \theta) = 1 - \alpha \tag{5.8}$$

$$P(\theta < \bar{\theta}) = 1 - \alpha \tag{5.9}$$

则称 $(\underline{\theta}, +\infty)$ 和 $(-\infty, \bar{\theta})$ 为 θ 的置信度为 $1 - \alpha$ 的**单侧置信区间**,$\underline{\theta}$ 和 $\bar{\theta}$ 分别称为 θ 的**单侧置信下限**和**单侧置信上限**.

(2) 置信区间的确定

① 寻求 θ 的一个好的点估计 $\hat{\theta}$,构造 θ 和 $\hat{\theta}$ 的函数 $G = G(\theta, \hat{\theta})$,它不含其他未知参数,且服从与 θ 无关的已知分布,通常称这样的 G 为枢轴量;

② 对给定的置信度 $1 - \alpha$,利用 G 的分布,确定 a 和 b,使得

$$P(a < G(\theta, \hat{\theta}) < b) = 1 - \alpha$$

③ 由不等式 $a < G(\theta, \hat{\theta}) < b$ 等价变形导出 θ 的置信区间 $(\underline{\theta}, \bar{\theta})$.

注 一般取 a 和 b,使得

$$P(G(\theta, \hat{\theta}) \leqslant a) = P(G(\theta, \hat{\theta}) \geqslant b) = \frac{\alpha}{2}$$

这样得到的置信区间称为等尾置信区间,实际应用中常采用等尾置信区间. 若 G 的分布是对称的(如标准正态分布、t 分布),且 G 的分布为单峰连续型时,等尾置信区间关于峰点对称($a = -b$),并且长度最短. 也就是说,此时所求的置信区间在奈曼原则下是最优的.

(3) 单个正态总体参数的置信区间

设 $x_1, x_2, \cdots, x_n$ 为取自正态总体 $N(\mu, \sigma^2)$ 的一个样本,则均值 μ 与方差 σ^2 的置信区间如表 5.1 所示.

表 5.1 单个正态总体参数的置信区间

待估参数	其他参数	枢轴量及其分布	置信度为 $1-\alpha$ 的置信区间
μ	σ^2 已知	$\dfrac{\bar{x}-\mu}{\sigma/\sqrt{n}}\sim N(0,1)$	$\left(\bar{x}-\dfrac{\sigma}{\sqrt{n}}u_{\alpha/2},\bar{x}+\dfrac{\sigma}{\sqrt{n}}u_{\alpha/2}\right)$
	σ^2 未知	$\dfrac{\bar{x}-\mu}{s/\sqrt{n}}\sim t(n-1)$	$\left(\bar{x}-\dfrac{s}{\sqrt{n}}t_{\alpha/2}(n-1),\bar{x}+\dfrac{s}{\sqrt{n}}t_{\alpha/2}(n-1)\right)$
σ^2	μ 未知	$\dfrac{(n-1)s^2}{\sigma^2}\sim\chi^2(n-1)$	$\left(\dfrac{(n-1)s^2}{\chi^2_{\alpha/2}(n-1)},\dfrac{(n-1)s^2}{\chi^2_{1-\alpha/2}(n-1)}\right)$

（4）两个正态总体参数的置信区间

设 $x_1,x_2,\cdots,x_m$ 是来自总体 $N(\mu_1,\sigma_1^2)$ 的容量为 m 的样本，$x_1,x_2,\cdots,x_n$ 是来自总体 $N(\mu_2,\sigma_2^2)$ 的容量为 n 的样本，且两样本相互独立，则两个正态总体均值差与方差比的置信区间如表 5.2 所示.

表 5.2 两个正态总体参数的置信区间

待估参数	其他参数	枢轴量及其分布	置信度为 $1-\alpha$ 的置信区间
$\mu_1-\mu_2$	σ_1^2,σ_2^2 已知	$\dfrac{\bar{x}-\bar{y}-(\mu_1-\mu_2)}{\sqrt{\dfrac{\sigma_1^2}{m}+\dfrac{\sigma_2^2}{n}}}$ $\sim N(0,1)$	$\left(\bar{x}-\bar{y}-\sqrt{\dfrac{\sigma_1^2}{m}+\dfrac{\sigma_2^2}{n}}u_{\alpha/2},\right.$ $\left.\bar{x}-\bar{y}+\sqrt{\dfrac{\sigma_1^2}{m}+\dfrac{\sigma_2^2}{n}}u_{\alpha/2}\right)$
	σ_1^2,σ_2^2 未知但相等	$\dfrac{\bar{x}-\bar{y}-(\mu_1-\mu_2)}{s_w\sqrt{\dfrac{1}{m}+\dfrac{1}{n}}}$ $\sim t(m+n-2)$	$\left(\bar{x}-\bar{y}-s_w\sqrt{\dfrac{1}{m}+\dfrac{1}{n}}t_{\alpha/2}(m+n-2),\right.$ $\left.\bar{x}-\bar{y}+s_w\sqrt{\dfrac{1}{m}+\dfrac{1}{n}}t_{\alpha/2}(m+n-2)\right)$
$\dfrac{\sigma_1^2}{\sigma_2^2}$	μ_1,μ_2 未知	$\dfrac{s_1^2/\sigma_1^2}{s_2^2/\sigma_2^2}\sim F(m-1,n-1)$	$\left(\dfrac{s_1^2/s_2^2}{F_{\alpha/2}(m-1,n-1)},\right.$ $\left.\dfrac{s_1^2/s_2^2}{F_{1-\alpha/2}(m-1,n-1)}\right)$

注 $s_1^2=\dfrac{1}{m-1}\sum\limits_{i=1}^{m}(x_i-\bar{x})^2$，$s_2^2=\dfrac{1}{n-1}\sum\limits_{i=1}^{n}(y_i-\bar{y})^2$；

$$s_w^2=\dfrac{(m-1)s_1^2+(n-1)s_2^2}{m+n-2}=\dfrac{1}{m+n-2}\left[\sum_{i=1}^{m}(x_i-\bar{x})^2+\sum_{i=1}^{n}(y_i-\bar{y})^2\right].$$

（5）非正态总体均值的置信区间

对于非正态总体，由于其精确的抽样分布往往难以求得，所以也就难以对其未知参数进行区间估计了. 但是，当样本量充分大时，利用中心极限定理也可对总体均值进行区间估计.

设总体 X 的均值 $E(X)=\mu$，方差为 $\mathrm{Var}(X)=\sigma^2$，$x_1,x_2,\cdots,x_n$ 为取自该总体的样本. 由中心极限定理知，当 n 充分大时，有

$$\frac{\bar{x}-\mu}{\sigma/\sqrt{n}}=\frac{\sum\limits_{i=1}^{n}x_i-n\mu}{\sqrt{n}\sigma}\overset{\text{近似}}{\sim}N(0,1)$$

若 σ 已知，近似地 μ 的 $1-\alpha$ 置信区间为

$$\left(\bar{x}-\frac{\sigma}{\sqrt{n}}u_{\alpha/2},\bar{x}+\frac{\sigma}{\sqrt{n}}u_{\alpha/2}\right) \tag{5.10}$$

若 σ 未知，用样本标准差 s 代替总体标准差 σ，即

$$\left(\bar{x}-\frac{s}{\sqrt{n}}u_{\alpha/2},\bar{x}+\frac{s}{\sqrt{n}}u_{\alpha/2}\right) \tag{5.11}$$

许多实际应用表明，当 $n\geqslant30$ 时，式（5.11）的近似程度还是可以接受的.

（6）单侧置信区间

① 单侧置信区间的讨论与上述双侧置信区间类似.

② 同一未知参数的置信度为 $1-\alpha$ 的单侧置信区间与双侧置信区间的关系是：将双侧置信区间的置信下限和置信上限中的 $\alpha/2$ 替换为 α，即得相应参数的单侧置信下限和单侧置信上限.

【典型例题解析】

例5.1 设总体 X 的密度函数为

$$f(x)=\begin{cases}\theta c^{\theta}x^{-(\theta-1)}, & x>c \\ 0, & \text{其他}\end{cases}$$

其中 $c(c>0)$ 已知，$\theta(\theta>1)$ 未知. 若 $x_1,x_2,\cdots,x_n$ 为取自该总体的一个样本，试求参数 θ 的矩估计量和最大似然估计量.

解 （1）求 θ 的矩估计量

总体一阶原点矩（期望）为

$$\mu_1=E(X)=\int_{-\infty}^{+\infty}xf(x)\mathrm{d}x=\int_{c}^{+\infty}\theta c^{\theta}x^{-\theta}\mathrm{d}x=\frac{c\theta}{\theta-1}$$

从中解出 θ 得

$$\theta = \frac{\mu_1}{\mu_1 - c}$$

用样本矩替换总体矩得到 θ 的矩估计量为

$$\hat{\theta} = \frac{\bar{x}}{\bar{x} - c}$$

（2）求 θ 的最大似然估计量

似然函数为

$$L(\theta) = \prod_{i=1}^{n} f(x_i) = \theta^n c^{n\theta} (x_1 x_2 \cdots x_n)^{-\theta+1}$$

取对数

$$\ln L(\theta) = n\ln \theta + n\theta \ln c + (1-\theta) \sum_{i=1}^{n} \ln x_i$$

得似然方程

$$\ln \frac{\mathrm{d}\ln L(\theta)}{\mathrm{d}\theta} = \frac{n}{\theta} + n\ln c - \sum_{i=1}^{n} \ln x_i = 0$$

解之得 θ 的最大似然估计量为

$$\hat{\theta} = \frac{n}{\sum_{i=1}^{n} \ln x_i - n\ln c}$$

例 5.2 设 $x_1, x_2, \cdots, x_n$ 是来自总体 X 的样本，总体 X 的密度函数为

$$p(x, \theta) = \begin{cases} 1, & \theta - \frac{1}{2} \leqslant x \leqslant \theta + \frac{1}{2} \\ 0, & \text{其他} \end{cases} \quad (-\infty < \theta < +\infty)$$

证明：样本均值 $\bar{x}$ 是 θ 的无偏估计量.

证明 因为

$$E(\bar{x}) = E(X) = \int_{-\infty}^{+\infty} x p(x, \theta) \mathrm{d}x = \int_{\theta-1/2}^{\theta+1/2} x \mathrm{d}x = \frac{x^2}{2} \Big|_{\theta-1/2}^{\theta+1/2} = \theta$$

所以样本均值 $\bar{x}$ 是 θ 的无偏估计量.

例 5.3 设 x_1, x_2, x_3, x_4 是取自均值为 $\theta(\theta > 0)$ 的指数分布总体的样本，试对未知参数 θ 的下述三个估计量：

$$T_1 = \frac{1}{6}(x_1 + x_2) + \frac{1}{3}(x_3 + x_4)$$

$$T_2 = \frac{1}{4}(x_1 + x_2 + x_3 + x_4)$$

$$T_3 = \frac{1}{5}(x_1 + 2x_2 + 3x_3 + 4x_4)$$

（1）指出 T_1, T_2, T_3 哪几个是 θ 的无偏估计量；

（2）指出在 θ 的无偏估计中哪一个较为有效.

解 (1) 由题设知,x_i 都服从均值为 θ 的指数分布,故

$$E(x_i) = \theta, \quad \text{Var}(x_i) = \theta^2 \quad (i = 1,2,3,4)$$

由期望的性质知

$$E(T_1) = \frac{1}{6}[E(x_1) + E(x_2)] + \frac{1}{3}[E(x_3) + E(x_4)] = \theta$$

$$E(T_2) = \frac{1}{4}[E(x_1) + E(x_2) + E(x_3) + E(x_4)] = \theta$$

$$E(T_3) = \frac{1}{5}[E(x_1) + 2E(x_2) + 3E(x_3) + 4E(x_4)] = 2\theta$$

可见,T_1, T_2 是 θ 的无偏估计量.

(2) 注意到样本 x_1, x_2, x_3, x_4 的独立性,由方差的性质知

$$\text{Var}(T_1) = \frac{1}{6^2}[\text{Var}(x_1) + \text{Var}(x_2)] + \frac{1}{3^2}[\text{Var}(x_3) + \text{Var}(x_4)] = \frac{5}{18}\theta^2$$

$$\text{Var}(T_2) = \frac{1}{4^2}[\text{Var}(x_1) + \text{Var}(x_2) + \text{Var}(x_3) + \text{Var}(x_4)] = \frac{1}{4}\theta^2$$

由于

$$\text{Var}(T_1) = \frac{10}{36}\theta^2 > \frac{9}{36}\theta^2 = \text{Var}(T_2)$$

所以 T_2 较为有效.

例 5.4 设 $\hat{\theta}$ 是参数 θ 的无偏估计,且 $\text{Var}(\hat{\theta}) > 0$,试证:$\hat{\theta}^2$ 不是 θ^2 的无偏估计.

证明 由于 $E(\hat{\theta}) = \theta$,故有

$$E(\hat{\theta}^2) = \text{Var}(\hat{\theta}) + [E(\hat{\theta})]^2 = \text{Var}(\hat{\theta}) + \theta^2 > \theta^2$$

因此,$\hat{\theta}^2$ 不是 θ^2 的无偏估计.

例 5.5 设某种清漆的干燥时间(以小时计)服从正态分布 $N(\mu, \sigma^2)$,从中抽取 9 个样品,其干燥时间分别为 $6.0, 5.7, 5.8, 6.5, 7.0, 6.3, 5.6, 6.1, 5.0$. 试就下列两种情形求 μ 的置信度为 0.95 的置信区间:

(1) 已知 $\sigma = 0.6$(小时);

(2) σ 未知.

解 (1) μ 的置信度为 $1 - \alpha$ 的置信区间为

$$\left(\bar{x} - \frac{\sigma}{\sqrt{n}} u_{\alpha/2}, \bar{x} + \frac{\sigma}{\sqrt{n}} u_{\alpha/2} \right)$$

其中 $n = 9$,$\sigma = 0.6$,$\alpha = 1 - 0.95 = 0.05$,查表得 $u_{\alpha/2} = u_{0.025} = 1.96$. 由样本值算得 $\bar{x} = 6.0$. 因此 μ 的置信度为 0.95 的置信区间为

$$\left(6.0 - \frac{0.6}{\sqrt{9}} 1.96, 6.0 + \frac{0.6}{\sqrt{9}} 1.96 \right) = (5.608, 6.392)$$

（2）μ 的置信度为 $1-\alpha$ 的置信区间为

$$\left(\bar{x}-\frac{s}{\sqrt{n}}t_{\alpha/2}(n-1),\bar{x}+\frac{s}{\sqrt{n}}t_{\alpha/2}(n-1)\right)$$

其中 $\bar{x}=6.0,n=9,\alpha=0.05$，查表得 $t_{\alpha/2}(n-1)=t_{0.025}(8)=2.306$. 由样本值算得 $s^2=0.33$，因此，μ 的置信度为 0.95 的置信区间为

$$\left(6.0-\frac{\sqrt{0.33}}{3}\times2.306,6.0+\frac{\sqrt{0.33}}{3}\times2.306\right)=(5.558,6.442)$$

例 5.6 随机地抽取某种炮弹 9 发做试验，得到炮口速度的样本标准差为 $s=11$（m/s）. 设炮口速度服从正态分布 $N(\mu,\sigma^2)$. 求这种炮弹的炮口速度的标准差 σ 的置信度为 0.95 的置信区间.

解 σ^2 的置信度为 $1-\alpha$ 的置信区间为

$$\left(\frac{(n-1)s^2}{\chi^2_{\alpha/2}(n-1)},\frac{(n-1)s^2}{\chi^2_{1-\alpha/2}(n-1)}\right)$$

其中 $n=9,s=11,\alpha=0.05$，查表得 $\chi^2_{\alpha/2}(n-1)=\chi^2_{0.025}(8)=17.535,\chi^2_{1-\alpha/2}(n-1)=\chi^2_{0.975}(8)=2.18$. 故 σ^2 的置信度为 0.95 的置信区间为

$$\left(\frac{8\times11^2}{17.535},\frac{8\times11^2}{2.18}\right)=(55.204,444.037)$$

因此，所求置信区间为 $(\sqrt{55.204},\sqrt{444.037})=(7.43,21.07)$.

例 5.7 由以往资料知，两种固体燃料火箭推进器的燃烧率均服从正态分布，且两总体的方差 $\sigma_1^2=\sigma_2^2=0.5^2$（cm^2/s）. 从两总体中抽取容量为 $m=n=20$ 的样本，得燃烧率的样本均值分别为 $\bar{x}=18$（cm/s），$\bar{y}=24$（cm/s）. 假定两样本独立，求两总体均值差 $\mu_1-\mu_2$ 的置信度为 0.99 的置信区间.

解 本题 $\sigma_1^2=\sigma_2^2=0.5^2$ 已知，故 $\mu_1-\mu_2$ 的置信度为 $1-\alpha$ 的置信区间为

$$\left(\bar{x}-\bar{y}-\sqrt{\frac{\sigma_1^2}{m}+\frac{\sigma_2^2}{n}}u_{\alpha/2},\bar{x}-\bar{y}+\sqrt{\frac{\sigma_1^2}{m}+\frac{\sigma_2^2}{n}}u_{\alpha/2}\right)$$

其中 $\bar{x}=18,\bar{y}=24,m=n=20,\alpha=0.01$，查表得 $u_{0.005}=2.58$. 因此，$\mu_1-\mu_2$ 的置信度为 0.99 的置信区间为

$$\left(18-24-2.58\sqrt{2\times\frac{0.5^2}{20}},18-24+2.58\sqrt{2\times\frac{0.5^2}{20}}\right)=(-6.41,-5.59)$$

由所求置信区间可知 $\mu_1<\mu_2$.

例 5.8 为了比较甲、乙两类试验田的收获量，随机抽取甲类试验田 8 块，乙类试验田 10 块，测得收获量（单位：kg）为

甲：12.6，10.2，11.7，12.3，11.1，10.5，10.6，12.2

乙：8.6，7.9，9.3，10.7，11.2，11.4，9.8，9.5，10.1，8.5

假定这两种试验田的收获量均服从正态分布且方差相等，试求均值差 $\mu_1-\mu_2$

的置信度为 0.95 的置信区间.

解 本题 $\sigma_1^2 = \sigma_2^2 = \sigma^2$ 未知，故 $\mu_1 - \mu_2$ 的置信度为 $1-\alpha$ 的置信区间为

$$\left(\bar{x} - \bar{y} - s_w\sqrt{\frac{1}{m} + \frac{1}{n}} t_{\alpha/2}(m+n-2), \bar{x} - \bar{y} + s_w\sqrt{\frac{1}{m} + \frac{1}{n}} t_{\alpha/2}(m+n-2)\right)$$

其中 $m=8, n=10, \alpha=0.05$，查表得 $t_{\alpha/2}(m+n-2) = t_{0.025}(16) = 2.120$. 由样本值算得 $\bar{x} = 11.400, \bar{y} = 9.700, s_1^2 = 0.851, s_2^2 = 1.375$. 而

$$s_w^2 = \frac{(m-1)s_1^2 + (n-1)s_2^2}{m+n-2} = 1.146$$

因此 $\mu_1 - \mu_2$ 的置信度为 0.95 的置信区间为

$$\left(11.40 - 9.700 - 1.146\sqrt{\frac{1}{8} + \frac{1}{10}} \times 2.120, 11.40 - 9.700 + 1.146\sqrt{\frac{1}{8} + \frac{1}{10}} \times 2.120\right)$$

即 $(0.548, 2.852)$，可见甲类试验田的收获量平均来说要稍大于乙类试验田.

注 由于四舍五入的问题，计算结果允许有一点误差.

例 5.9（续例 5.8） 试就例 5.8 中的样本数据，求方差比 $\dfrac{\sigma_1^2}{\sigma_2^2}$ 的置信度为 0.90 的置信区间.

解 σ_1^2/σ_2^2 的置信度为 $1-\alpha$ 的置信区间为

$$\left(\frac{s_1^2/s_2^2}{F_{\alpha/2}(m-1, n-1)}, \frac{s_1^2/s_2^2}{F_{1-\alpha/2}(m-1, n-1)}\right)$$

其中 $s_1^2 = 0.851, s_2^2 = 1.375, m=8, n=10; \alpha=0.10$，查表得 $F_{\alpha/2}(m-1, n-1) = F_{0.05}(7,9) = 3.29, F_{1-\alpha/2}(m-1, n-1) = F_{0.95}(7,9) = 1/3.68 = 0.27$. 因此 $\dfrac{\sigma_1^2}{\sigma_2^2}$ 的置信度为 0.90 的置信区间为

$$\left(\frac{0.851/1.375}{3.29}, \frac{0.851/1.375}{0.27}\right) = (0.19, 2.29)$$

它包含 1，可见例 5.8 中的假定 $\sigma_1^2 = \sigma_2^2$ 是合理的.

注 F 分布的分位数可利用 Excel 软件参照本书第 79 页的注计算得到.

【习题选解】

2. (2) 设 $x_1, x_2, \cdots, x_n(n \geqslant 2)$ 为来自总体 $N(\mu, \sigma^2)$ 的样本，若统计量

$$T = c\sum_{i=1}^{n-1}(x_{i+1} - x_i)^2$$

是 σ^2 的无偏估计，则 $c = $ _____.

解 由样本的特性和期望与方差的性质可得

$$E\Big[c\sum_{i=1}^{n-1}(x_{i+1}-x_i)^2\Big]=c\sum_{i=1}^{n-1}E\big[(x_{i+1}-x_i)^2\big]$$

$$=c\sum_{i=1}^{n-1}\{\mathrm{Var}(x_{i+1}-x_i)-\big[E(x_{i+1}-x_i)\big]^2\}$$

$$=c\sum_{i=1}^{n-1}\{\mathrm{Var}(x_{i+1})+\mathrm{Var}(x_i)+\big[E(x_{i+1})-E(x_i)\big]^2\}$$

$$=c\sum_{i=1}^{n-1}(2\sigma^2+0^2)$$

$$=2c(n-1)\sigma^2$$

又因为 T 是 σ^2 的无偏估计,所以

$$E(T)=2c(n-1)\sigma^2=\sigma^2\Rightarrow c=\frac{1}{2(n-1)}$$

即 $c=\dfrac{1}{2(n-1)}$.

3. 设 $x_1,x_2,\cdots,x_n$ 是来自以下总体 X 的一个样本,求其中未知参数的矩估计:

(3) 设 $X\sim B(m,p)$, m 已知, p 未知.

解 总体一阶原点矩为

$$\mu_1=E(X)=mp$$

从中解出

$$p=\frac{\mu_1}{m}$$

用样本矩替换总体矩,得到 p 的矩估计为

$$\hat{p}=\frac{\bar{x}}{m}=\frac{1}{mn}\sum_{i=1}^{n}x_i$$

5. 设 $x_1,x_2,\cdots,x_n$ 是来自总体 $X\sim B(m,p)$ 的一个样本, m,p 均为未知参数,试求 m,p 的矩估计 $\hat{m},\hat{p}$(对于具体的样本值,若算出的 $\hat{m}$ 不是整数,则取与 $\hat{m}$ 最接近的整数作为 m 的估计值).

解 由 $X\sim B(m,p)$,故

$$\begin{cases}\mu_1=E(X)=mp\\ \nu_2=\mathrm{Var}(X)=mp(1-p)\end{cases}$$

从中解出 m,p

$$\begin{cases}p=1-\dfrac{\nu_2}{\mu_1}\\[2mm] m=\dfrac{\mu_1^2}{\mu_1-\nu_2}\end{cases}$$

用样本矩替换总体矩(见配套教材注 5.1.1),得到 m,p 的矩估计为

$$\begin{cases} \hat{p} = 1 - \dfrac{b_2}{\bar{x}} \\ \hat{m} = \dfrac{\bar{x}^2}{\bar{x} - b_2} \end{cases}$$

6. 求第 3(3)题中参数的最大似然估计.

解 X 的分布列为

$$P(X = x) = \begin{bmatrix} m \\ x \end{bmatrix} p^x (1-p)^{m-x} \quad (x = 0,1,2,\cdots,m; 0 < p < 1)$$

似然函数为

$$L(p) = \prod_{i=1}^n P(X = x_i) = \begin{bmatrix} m \\ x_1 \end{bmatrix} \begin{bmatrix} m \\ x_2 \end{bmatrix} \cdots \begin{bmatrix} m \\ x_n \end{bmatrix} p^{\sum_{i=1}^n x_i} (1-p)^{mn - \sum_{i=1}^n x_i}$$

取对数

$$\ln L(p) = \sum_{i=1}^n \ln \begin{bmatrix} m \\ x_i \end{bmatrix} + \sum_{i=1}^n x_i \ln p + (mn - \sum_{i=1}^n x_i) \ln (1-p)$$

解似然方程

$$\frac{\mathrm{d}\ln L(p)}{\mathrm{d}p} = \frac{\sum_{i=1}^n x_i}{p} - \frac{mn - \sum_{i=1}^n x_i}{1-p} = 0$$

得到未知参数 p 的最大似然估计为

$$\hat{p} = \frac{\bar{x}}{m} = \frac{1}{mn} \sum_{i=1}^n x_i$$

8. 设某试验有三个可能结果,其发生的概率分别为 $p_1 = \theta^2$, $p_2 = 2\theta(1-\theta)$, $p_3 = (1-\theta)^2$,其中 $\theta \in (0,1)$ 为未知参数. 现对该试验独立重复地做了三次,得到三种结果出现的次数分别为 $2,1,0$. 试求 θ 的最大似然估计值.

解 由题设知,似然函数

$$L(\theta) = \prod_{i=1}^3 p(x_i) = \prod_{i=1}^3 P(X = x_i) = (\theta^2)^2 \times 2\theta(1-\theta) = 2\theta^5(1-\theta)$$

取对数

$$\ln L(\theta) = \ln 2 + 5\ln \theta + 1n(1-\theta)$$

解似然方程

$$\frac{\mathrm{d}\ln L(\theta)}{\mathrm{d}\theta} = \frac{5}{\theta} - \frac{1}{1-\theta} = 0$$

得到 θ 的最大似然估计值为

$$\hat{\theta} = \frac{5}{6}$$

9. 从一批灯泡中随机地抽取 10 只,测得它们的寿命(单位:h)如下:

$$1067,919,1196,785,1126,936,918,1156,920,948$$

设灯泡的寿命 $T \sim N(\mu, \sigma^2)$,试求 $P(T \geqslant 1300)$ 的最大似然估计值.

解 由题设知,参数 μ, σ^2 的最大似然估计值(见配套教材例 5.1.7)为

$$\hat{\mu} = \bar{x} = \frac{1}{n} \sum_{i=1}^{n} x_i = 997.1, \quad \hat{\sigma}^2 = b_2 = \frac{1}{n} \sum_{i=1}^{n} (x_i - \bar{x})^2 = 15574$$

于是,$P(T \geqslant 1300)$ 的最大似然估计值为

$$P(T \geqslant 1330) = P\left(\frac{T - 997.1}{\sqrt{15574}} \geqslant \frac{1330 - 997.1}{\sqrt{15574}}\right)$$

$$= 1 - \Phi(2.667) = 0.0038$$

11. 设 $x_1, x_2, \cdots, x_n$ 为来自总体 $N(\mu, \sigma^2)$ 的样本,$\bar{x}$ 为样本均值,若统计量 $T_i = c (x_i - \bar{x})^2$ 是 σ^2 的无偏估计量,试求常数 c.

解 由

$$E(T_i) = E[c (x_i - \bar{x})^2] = cE(x_i^2 - 2x_i\bar{x} + \bar{x}^2) = cE\left(x_i^2 - \frac{2}{n}\sum_{j=1}^{n} x_i x_j + \bar{x}^2\right)$$

$$= cE\left[x_i^2 - \frac{2}{n}\left(\sum_n x_i x_j + x_i^2\right) + \bar{x}^2\right]$$

$$= c\left\{E(x_i^2) - \frac{2}{n}\left[\sum_n E(x_i x_j) + E(x_i^2)\right] + E(\bar{x}^2)\right\}$$

$$= c\left\{\sigma^2 + \mu^2 - \frac{2}{n}\left[\sum_n \mu^2 + (\sigma^2 + \mu^2)\right] + \frac{\sigma^2}{n} + \mu^2\right\}$$

$$= c\left[\sigma^2 + \mu^2 - \frac{2}{n}(n\mu^2 + \sigma^2) + \frac{\sigma^2}{n} + \mu^2\right]$$

$$= c\frac{(n-1)\sigma^2}{n}$$

因为 T_i 是 σ^2 的无偏估计量,故

$$E(T_i) = c\frac{(n-1)\sigma^2}{n} = \sigma^2 \Rightarrow c = \frac{n}{n-1}$$

12. 设 $x_1, x_2, \cdots, x_m$ 是来自总体 $N(\mu_1, \sigma^2)$ 的样本;$y_1, y_2, \cdots, y_n$ 是来自总体 $N(\mu_2, \sigma^2)$ 的样本,且两样本相互独立. 记相应的样本均值和样本方差分别为 $\bar{x}, \bar{y}$,s_1^2 和 s_2^2. 证明:统计量

$$s_w^2 = \frac{(m-1)s^1 + (n-1)s_2^2}{m+n-2}$$

是 σ^2 的无偏估计.

证明 由 $E(s_1^2) = \sigma^2, E(s_2^2) = \sigma^2$ 可得

$$E(s_w^2) = \frac{1}{m+n-2}[(m-1)E(s_1^2) + (n-1)E(s_2^2)] = \sigma^2$$

故 s_w^2 是 σ^2 的无偏估计.

13. 设某种小型计算机在一个星期中的故障次数 $X \sim \pi(\lambda)$，$x_1, x_2, \cdots, x_n$ 是来自总体 X 的一个样本，若一星期内故障修理费用 $Y = 3X + X^2$，试求 $E(Y)$，并验证 $U = 3\bar{x} + \dfrac{1}{n}\sum\limits_{i=1}^{n} x_i^2$ 是 $E(Y)$ 的无偏估计.

解 由题设可得
$$E(Y) = E(3X + X^2) = 3E(X) + E(X^2) = 3\lambda + (\lambda + \lambda^2) = 4\lambda + \lambda^2$$
因为
$$E(U) = 3E(\bar{x}) + \frac{1}{n}\sum_{i=1}^{n} E(x_i^2) = 3\lambda + \frac{1}{n} \cdot n(\lambda + \lambda^2) = 4\lambda + \lambda^2 = E(Y)$$
所以 U 是 $E(Y)$ 的无偏估计.

14. 设从均值为 μ 方差为 σ^2 的总体中，分别抽取容量为 $m, n(m > n)$ 的两个独立样本，$\bar{x}, \bar{y}$ 分别是两个样本的均值，试证：对任意常数 $a, b(a+b=1)$，$Z = a\bar{x} + b\bar{y}$ 都是 μ 的无偏估计，并确定常数 a, b，使 $\text{Var}(Z)$ 达到最小.

证明 （1）由于
$$E(\bar{x}) = E(\bar{y}) = \mu$$
故对任意常数 $a, b(a+b=1)$，有
$$E(Z) = aE(\bar{x}) + bE(\bar{y}) = (a+b)\mu = \mu$$
因此，$Z = a\bar{x} + b\bar{y}$ 是 μ 的无偏估计.

（2）注意到 $b = 1 - a$，以及两个样本的独立性，则有
$$\text{Var}(Z) = a^2 \text{Var}(\bar{x}) + b^2 \text{Var}(\bar{y}) = a^2 \frac{\sigma^2}{m} + (1-a)^2 \frac{\sigma^2}{n}$$
$\text{Var}(Z)$ 作为 a 的函数，要使之达到最小，必须满足
$$\frac{\text{d}\text{Var}(Z)}{\text{d}a} = 2a \cdot \frac{\sigma^2}{m} - 2(1-a) \cdot \frac{\sigma^2}{n} = 0$$
从而得到
$$a = \frac{m}{m+n}, \quad b = 1 - a = \frac{n}{m+n}$$
又因为
$$\frac{\text{d}^2 \text{Var}(Z)}{\text{d}a^2} = \frac{2\sigma^2}{m} + \frac{2\sigma^2}{n} > 0$$
故当 a, b 取上式值时，$\text{Var}(Z)$ 达到最小.

16. 设 $x_1, x_2, \cdots, x_n$ 为取自正态总体 $N(\mu, 1)$ 的样本，要使 μ 的置信度为 95% 的置信区间的长度 $d \leqslant 1.2$，样本量至少应取多大？将 $d \leqslant 1.2$ 改为 $d \leqslant 1.0$ 呢？

解 由题设知，$\sigma = 1$，$\alpha = 0.05$，查表得 $u_{\alpha/2} = u_{0.025} = 1.96$，故 μ 的置信度为 95% 的置信区间是

$$\left(\bar{x}-\frac{1.96}{\sqrt{n}},\bar{x}+\frac{1.96}{\sqrt{n}}\right)$$

要使区间的长度 $d=\dfrac{2\times1.96}{\sqrt{n}}\leqslant1.2$,即

$$n\geqslant\left(\frac{2\times1.96}{1.2}\right)^2=10.67$$

故样本量至少取为 11.

若 $d\leqslant1.0$,则类似可算得 $n\geqslant\left(\dfrac{2\times1.96}{1.0}\right)^2=15.37$,故 n 至少取为 16.

18. 一农场种植生产果冻的葡萄,从抽取的 30 车葡萄测得的糖含量(以某种单位计量),算得 $\bar{x}=14.72,s^2=1.906$. 假定该农场种植的葡萄的糖含量服从正态分布 $N(\mu,\sigma^2)$ 试求:

(1) μ,σ^2 的无偏估计值;

(2) μ 的置信度为 90% 的置信区间.

解 (1) 由于 $\bar{x},s^2$ 分别是 μ,σ^2 的无偏估计,故 μ,σ^2 的无偏估计值为

$$\hat{\mu}=\bar{x}=14.72,\quad\hat{\sigma}=s^2=1.906$$

(2) 当 σ 未知时,均值 μ 的 $1-\alpha$ 置信区间为

$$\left(\bar{x}-\frac{s}{\sqrt{n}}t_{\alpha/2}(n-1),\bar{x}+\frac{s}{\sqrt{n}}t_{\alpha/2}(n-1)\right)$$

其中 $\bar{x}=14.72,s^2=1.906,\alpha=1-0.9=0.1$,查表得 $t_{0.05}(29)=1.6991$. μ 的置信度为 90% 的置信区间为

$$\left(14.72-\sqrt{\frac{1.906}{30}}\times1.6991,14.72+\sqrt{\frac{1.906}{30}}\times1.6991\right)=(14.29,15.15)$$

【自测题】

1. 单项选择题

(1) 设 $x_1,x_2,\cdots,x_n$ 为取自总体 X 的样本,$\bar{x}=\dfrac{1}{n}\sum\limits_{i=1}^{n}x_i,s^2=\dfrac{1}{n-1}$ $\cdot\sum\limits_{i=1}^{n}(x_i-\bar{x})^2$,若 $\mathrm{Var}(X)=\sigma^2$ 存在,则 $s($ $)$.

   A. 是 σ 的无偏估计   B. 是 σ 的最大似然估计
   C. 是 σ 的相合估计   D. 与 $\bar{x}$ 相互独立

(2) 设总体 $X\sim N(\mu,\sigma^2)$,σ^2 未知,则总体均值 μ 的置信度为 $1-\alpha$ 的置信区间 D 的长度 l 与 α 的关系是(   ).

A. a 增大，l 减小　　　　　　　　B. a 增大，l 增大

C. a 增大，l 不变　　　　　　　　D. a 与 l 关系不确定

(3) 设总体 $X \sim N(\mu, \sigma^2)$，且 σ^2 已知，现在以置信度 $1-\alpha$ 估计总体均值 μ，下列做法中一定能使估计更精确的是(　　)．

A. 提高置信度 $1-\alpha$，增加样本量　　　B. 提高置信度 $1-\alpha$，减少样本量

C. 降低置信度 $1-\alpha$，增加样本量　　　D. 降低置信度 $1-\alpha$，减少样本量

(4) 设 x_1, x_2 是取自正态总体 $N(\mu, 1)$ 的样本，其中 μ 为未知参数，则 μ 的无偏估计是(　　)．

A. $\dfrac{2}{3}x_1 + \dfrac{4}{3}x_2$ 　　　　　　　　B. $\dfrac{1}{4}x_1 + \dfrac{2}{4}x_2$

C. $\dfrac{3}{4}x_1 - \dfrac{1}{4}x_2$ 　　　　　　　　D. $\dfrac{2}{5}x_1 + \dfrac{3}{5}x_2$

(5) 设 $x_1, x_2, \cdots, x_n$ 是取自总体 $N(0, \sigma^2)$ 的样本，则可以作为 σ^2 的无偏估计量的是(　　)．

A. $\dfrac{1}{n}\sum\limits_{i=1}^{n} x_i^2$ 　　　　　　　　B. $\dfrac{1}{n-1}\sum\limits_{i=1}^{n} x_i^2$

C. $\dfrac{1}{n}\sum\limits_{i=1}^{n} x_i$ 　　　　　　　　D. $\dfrac{1}{n-1}\sum\limits_{i=1}^{n} x_i$

2. 填空题

(1) 设 x_1, x_2, x_3 是取自某总体的样本，总体均值 μ 的下面三个无偏估计中，_____ 最有效．

$$\hat{\mu}_1 = \frac{1}{5}x_1 + \frac{3}{10}x_2 + \frac{1}{2}x_2, \hat{\mu}_2 = \frac{1}{3}x_1 + \frac{1}{4}x_2 + \frac{5}{12}x_2, \hat{\mu}_3 = \frac{1}{6}x_1 + \frac{3}{4}x_2 + \frac{1}{12}x_2$$

(2) 设 $x_1, x_2, \cdots, x_n$ 是来自总体 $U(0, \theta)$ 的一个样本，若 $c\bar{x}$ 为 θ 的无偏估计，则常数 c 的值为_____．

(3) 设总体 $X \sim N(\mu, 0.9^2)$，抽取样本容量 $n=9$ 的样本，测得 $\bar{x}=5$，则未知参数 μ 的置信度为 0.95 的置信区间为_____．

(4) 设总体 $X \sim N(\mu, \sigma^2)$，抽取样本容量 $n=9$ 的样本，测得 $\bar{x}=5, s=0.9$，则未知参数 μ 的置信度为 0.95 的置信区间为_____．

(5) 设总体 $X \sim N(\mu, \sigma^2)$，抽取样本容量 $n=9$ 的样本，测得 $\bar{x}=5, s=0.9$，则未知参数 σ^2 的置信度为 0.95 的置信区间为_____．

3. 设总体 X 的分布列如表 5.3 所示．

表 5.3

X	0	1	2	3
P	θ^2	$2\theta(1-\theta)$	θ^2	$1-2\theta$

其中 $\theta\left(0<\theta<\dfrac{1}{2}\right)$ 未知,若从该总体取得样本值为 3,1,3,0,3,1,2,3,试求参数 θ 的矩估计值和最大似然估计值.

4. 纤度是衡量纤维粗细程度的一个量,某厂化纤纤度 $X\sim N(\mu,0.048^2)$,从中取 9 根纤维,得到纤度分别为 1.36,1.49,1.43,1.41,1.27,1.40,1.32,1.42,1.47,求 μ 的置信度为 0.95 的置信区间.

5. 设某种砖头的抗压强度 $X\sim N(\mu,\sigma^2)$,今随机抽取 20 块砖头,测得数据如下(单位:kg/cm^2):

| 64 | 69 | 49 | 92 | 55 | 97 | 41 | 84 | 88 | 99 |
| 84 | 66 | 100 | 98 | 72 | 74 | 87 | 84 | 48 | 81 |

(1) 求 μ 的置信度为 0.95 的置信区间;

(2) 求 σ^2 的置信度为 0.95 的置信区间.

6. 设总体 $X\sim N(\mu,\sigma^2)$,σ^2 已知,试问抽取的样本量 n 要多大,才能使 μ 的置信度为 $1-\alpha$ 的置信区间的长度不大于 L?

7. 设两个正态总体 $N(\mu_1,\sigma_1^2)$ 和 $N(\mu_2,\sigma_2^2)$ 相互独立,其中的参数均未知,从中分别抽取容量为 $m=10,n=11$ 的两个样本,算得样本均值分别为 $\bar{x}=1.2,\bar{y}=2.8$,样本方差分别为 $s_1^2=0.34,s_2^2=0.29$.

(1) 假定 $\sigma_1^2=\sigma_2^2$,试求均值差 $\mu_1-\mu_2$ 的置信度为 0.90 的置信区间;

(2) 求方差比 σ_1^2/σ_2^2 的置信度为 0.90 的置信区间.

【自测题解答】

1. (1) C;(2) A;(3) C;(4) D;(5) A.

2. (1) $\hat{\mu}_2$;(2) 2;(3) (4.412,5.588);(4) (4.308,5.692);(5) (0.370, 2.972);

3. (1) 矩估计:总体一阶原点矩为

$$\mu_1=E(X)=1\times2\theta(1-\theta)+2\times\theta^2+3\times(1-2\theta)=3-4\theta$$

从中解出

$$\theta=\frac{3-\mu_1}{4}$$

用样本矩替换总体矩,得到 θ 的矩估计量为

$$\hat{\theta}=\frac{3-\bar{x}}{4}$$

由样本值算得 $\bar{x}=2$,代入上式得到 θ 的矩估计值为

$$\hat{\theta} = \frac{3-2}{4} = \frac{1}{4}$$

（2）最大似然估计：似然函数

$$L(\theta) = \prod_{i=1}^{8} P(x_i, \theta) = (1-2\theta)^4 \times [2\theta(1-\theta)]^2 \times (\theta^2)^2 = 4\theta^6 (1-\theta)^2 (1-2\theta)^4$$

取对数

$$\ln L(\theta) = \ln 4 + 6\ln \theta + 2\ln (1-\theta) + 4\ln (1-2\theta)$$

解似然方程

$$\frac{\mathrm{d}\ln L(\theta)}{\mathrm{d}\theta} = \frac{6}{\theta} - \frac{2}{1-\theta} - \frac{8}{1-2\theta} = 0$$

即

$$6 - 28\theta + 24\theta^2 = 0$$

注意到 $0 < \theta < \dfrac{1}{2}$，可得 θ 的最大似然估计值为

$$\hat{\theta} = \frac{7 - \sqrt{13}}{12}$$

4. 因 σ^2 已知，故 μ 的置信度为 $1-\alpha$ 的置信区间为

$$\left(\bar{x} - \frac{\sigma}{\sqrt{n}} u_{\alpha/2}, \bar{x} + \frac{\sigma}{\sqrt{n}} u_{\alpha/2} \right)$$

其中 $\sigma = 0.048, n = 9, \alpha = 0.05$，查表得 $u_{\alpha/2} = u_{0.025} = 1.96$；由样本值算得 $\bar{x} = 1.4$. 故 μ 的置信度为 0.95 的置信区间为

$$\left(1.4 - \frac{0.048}{\sqrt{n}} \times 1.96, 1.4 + \frac{0.048}{\sqrt{n}} \times 1.96 \right) = (1.369, 1.431)$$

5. 由样本值算得 $\bar{x} = 76.6, s = 18.14$. 由题设知 $n = 20, \alpha = 1 - 0.95 = 0.05$，查表得 $t_{\alpha/2}(n-1) = t_{0.025}(19) = 2.093, \chi_{\alpha/2}^2(n-1) = \chi_{0.025}^2(19) = 32.852, \chi_{1-\alpha/2}^2(19) = \chi_{0.975}^2(19) = 8.907$.

（1）因 σ^2 未知，故 μ 的置信度为 0.95 的置信区间为

$$\left(\bar{x} - \frac{s}{\sqrt{n}} t_{\alpha/2}(n-1), \bar{x} + \frac{s}{\sqrt{n}} t_{\alpha/2}(n-1) \right) = (68.11, 85.089)$$

（2）σ^2 的置信度为 0.95 的置信区间为

$$\left(\frac{(n-1)s^2}{\chi_{\alpha/2}^2(n-1)}, \frac{(n-1)s^2}{\chi_{1-\alpha/2}^2(n-1)} \right) = (190.31, 701.93)$$

6. 当 σ^2 已知时，μ 的置信度为 $1-\alpha$ 的置信区间为

$$\left(\bar{x} - \frac{\sigma}{\sqrt{n}} u_{\alpha/2}, \bar{x} + \frac{\sigma}{\sqrt{n}} u_{\alpha/2} \right)$$

于是，要使该区间的长度不大于 L，即

$$\frac{2\sigma}{\sqrt{n}}u_{\alpha/2} \leqslant L$$

由上式可得抽取的样本量必须满足下式

$$n \geqslant \frac{4\sigma^2 u_{\alpha/2}^2}{L^2}$$

7. (1) 由于 $\sigma_1^2 = \sigma_2^2$ 未知,故 $\mu_1 - \mu_2$ 的 $1-\alpha$ 的置信区间为

$$\left(\bar{x} - \bar{y} - s_w\sqrt{\frac{1}{m} + \frac{1}{n}}t_{\alpha/2}(m+n-2), \bar{x} - \bar{y} + s_w\sqrt{\frac{1}{m} + \frac{1}{n}}t_{\alpha/2}(m+n-2) \right)$$

其中 $\bar{x} = 1.2, \bar{y} = 2.8, s_1^2 = 0.34, s_2^2 = 0.29, m = 10, n = 11, \alpha = 1 - 0.90 = 0.10$,查表得 $t_{\alpha/2}(m+n-2) = t_{0.05}(19) = 1.729$. 而

$$s_w^2 = \frac{(m-1)s_1^2 + (n-1)s_2^2}{m+n-2} = \frac{9 \times 0.34 + 10 \times 0.29}{19} = 0.314$$

故 $\mu_1 - \mu_2$ 的 90% 的置信区间为

$$\left(1.2 - 2.8 - \sqrt{0.314}\sqrt{\frac{1}{10} + \frac{1}{11}} \times 1.729, 1.2 - 2.8 + \sqrt{0.314}\sqrt{\frac{1}{10} + \frac{1}{11}} \times 1.729 \right)$$

$$= (-2.023, -1.177)$$

由上结果可见 $\mu_1 < \mu_2$.

(2) σ_1^2/σ_2^2 置信度为 $1-\alpha$ 的置信区间为

$$\left(\frac{s_1^2/s_2^2}{F_{\alpha/2}(m-1, n-1)}, \frac{s_1^2/s_2^2}{F_{1-\alpha/2}(m-1, n-1)} \right)$$

其中 $s_1^2 = 0.34, s_2^2 = 0.29, F_{\alpha/2}(m-1, n-1) = F_{0.05}(9, 10) = 3.02$,由 F 分布的性质可得

$$F_{1-\alpha/2}(m-1, n-1) = F_{0.95}(9, 10) = \frac{1}{F_{0.05}(10, 9)} = \frac{1}{3.14}$$

故 σ_1^2/σ_2^2 置信度为 0.90 的置信区间为

$$\left(\frac{0.34/0.29}{3.02}, \frac{0.34/0.29}{1/3.14} \right) = (0.39, 3.68)$$

它包含 1,可见(1)中假定 $\sigma_1^2 = \sigma_2^2$ 是合理的.

第6章 假设检验

【学习目标】

本章学习目标如下:

1. 理解假设检验的基本思想,熟悉假设检验的一般步骤,了解假设检验的两类错误.

2. 掌握单个正态总体均值与方差的假设检验.

3. 掌握两个正态总体均值差与方差比的假设检验.

4. 了解 p 值检验法,掌握 p 值检验法的判断准则.

5^*. 了解非参数 χ^2 拟合检验,掌握解题思想、分组原则、计算要点等.

本章学习重点是单个正态总体均值与方差的检验,两个正态总体均值差的检验;学习难点是假设检验基本思想的理解,原假设的选取和检验统计量的确定.

【内容提要】

1. 假设检验问题

对总体分布的类型或分布中的未知参数提出某种假设(称为原假设,记为 H_0. 与其对立的断言称为备择假设,记为 H_1),然后根据样本对假设成立与否做出判断. 这类问题称为假设检验问题. 我们把仅对总体分布中未知参数的假设检验称为参数假设检验,而把对总体分布类型或其他特征的假设检验称为非参数假设检验.

2. 假设检验的基本思想(概率反证法)

根据实际问题提出原假设 H_0,然后在 H_0 成立的条件下,通过适当的统计量,寻求与问题相关的小概率事件 A,若一次抽样(试验)的结果导致事件 A 发生了,这与小概率原理(小概率事件在一次试验中实际上几乎是不发生的)相违背,从而拒绝 H_0,否则只能接受 H_0.

3. 假设检验的两类错误和显著性水平

（1）两类错误

在假设检验中，做出拒绝 H_0 或接受 H_0 的判断的依据是样本的信息，判断的原则是小概率原理．由于样本的随机性以及小概率事件在一次试验中未必不会发生，因而会做出错误的判断．这种错误有两类：一类是，当 H_0 为真时，却做出拒绝 H_0 的判断，这类错误称为第一类错误或弃真错误；另一类是，当 H_0 为不真时，却做出接受 H_0 的判断，这类错误称第二类错误或取伪错误．

（2）显著性水平

我们自然希望犯弃真错误和取伪错误的概率都尽可能小，正如置信区间的置信度与精确度一样，在样本量固定的情况下，犯这两类错误的概率不可能同时减小，其中一个减小，另一个就会增大．一般在实际应用中，往往倾向于保护 H_0，即当 H_0 为真时，使得拒绝 H_0 的概率不超过一个给定的很小的正数 $\alpha(0<\alpha<1)$，亦即

$$P(拒绝 H_0 \mid H_0 为真) \leqslant \alpha \tag{6.1}$$

也就是说，我们只对犯弃真错误的概率加以控制，而不考虑犯取伪错误的概率，这类假设检验称为显著性检验，上述 α 称为显著性水平或检验水平，常取 $\alpha=0.05$，有时也取 $\alpha=0.10$ 或 $\alpha=0.01$．

4. 假设检验的一般步骤

（1）根据实际问题提出原假设 H_0 与备择假设 H_1；

（2）选择检验统计量 t，并在 H_0 为真时确定其分布；

（3）对给定的显著性水平 α，由式(6.1)和 t 的分布确定拒绝域 W；

（4）由样本值算出检验统计量的值 t_0，若 $t_0 \in W$，则拒绝 H_0，否则接受 H_0．

5. 正态总体参数的假设检验

在假设检验的一般步骤中，第(2)步是关键，即寻找合适的检验统计量．这在一般情况下是很难找到的，但对正态总体而言，相对来说就容易得多．正态总体参数的假设检验的内容相当丰富，从不同的角度出发有不同的提法（如表 6.1 和表 6.2 所示）：

（1）从检验参数看，有均值检验和方差检验；

（2）从检验总体看，有单个总体检验和两个总体检验；

（3）从检验目的看，有考察差异性的双侧检验和比较大小、强弱的单侧检验；

（4）从检验方法看，有 u 检验法、t 检验法、χ^2 检验法与 F 检验法等．

对单个正态总体 $N(\mu,\sigma^2)$，记样本 $x_1,x_2,\cdots,x_n$ 的均值和方差分别为

$$\bar{x}=\frac{1}{n}\sum_{i=1}^{n}x_i, \quad s^2=\frac{1}{n-1}\sum_{i=1}^{n}(x_i-\bar{x})^2$$

对两个独立正态总体 $N(\mu_1,\sigma_1^2)$ 和 $N(\mu_2,\sigma_2^2)$，$x_1,x_2,\cdots,x_m$ 和 $y_1,y_2,\cdots,y_n$ 分别为

取自总体 $N(\mu_1,\sigma_1^2)$ 和 $N(\mu_2,\sigma_2^2)$ 的样本,记

$$\bar{x} = \frac{1}{m}\sum_{i=1}^{m}x_i, \quad \bar{y} = \frac{1}{n}\sum_{i=1}^{n}y_i$$

$$s_1^2 = \frac{1}{m-1}\sum_{i=1}^{m}(x_i-\bar{x})^2, \quad s_2^2 = \frac{1}{n-1}\sum_{i=1}^{n}(y_i-\bar{y})^2,$$

$$s_w^2 = \frac{(m-1)s_1^2+(n-1)s_2^2}{m+n-2} = \frac{1}{m+n-2}\Big[\sum_{i=1}^{m}(x_i-\bar{x})^2 + \sum_{i=1}^{n}(y_i-\bar{y})^2\Big]$$

表 6.1　正态总体均值的显著性检验(显著性水平为 α)

检验法	适用范围及相关条件		原假设 H_0	备择假设 H_1	检验统计量及其分布	拒绝域
u 检验	单总体 μ	σ^2 已知	$\mu=\mu_0$	$\mu\neq\mu_0$	$u=\dfrac{\bar{x}-\mu_0}{\sigma/\sqrt{n}}$ $\overset{H_0}{\sim}N(0,1)$	$\{|u|\geqslant u_{\alpha/2}\}$
			$\mu\leqslant\mu_0$	$\mu>\mu_0$		$\{u\geqslant u_{\alpha}\}$
			$\mu\geqslant\mu_0$	$\mu<\mu_0$		$\{u\leqslant -u_{\alpha}\}$
	两总体 $\mu_1-\mu_2$	σ_1^2,σ_2^2 已知	$\mu_1=\mu_2$	$\mu_1\neq\mu_2$	$u=\dfrac{\bar{x}-\bar{y}}{\sqrt{\dfrac{\sigma_1^2}{m}+\dfrac{\sigma_2^2}{n}}}$ $\overset{H_0}{\sim}N(0,1)$	$\{|u|\geqslant u_{\alpha/2}\}$
			$\mu_1\leqslant\mu_2$	$\mu_1>\mu_2$		$\{u\geqslant u_{\alpha}\}$
			$\mu_1\geqslant\mu_2$	$\mu_1<\mu_2$		$\{u\leqslant -u_{\alpha}\}$
t 检验	单总体 μ	σ^2 未知	$\mu=\mu_0$	$\mu\neq\mu_0$	$t=\dfrac{\bar{x}-\mu_0}{s/\sqrt{n}}$ $\overset{H_0}{\sim}t(n-1)$	$\{|t|\geqslant t_{\alpha/2}(n-1)\}$
			$\mu\leqslant\mu_0$	$\mu>\mu_0$		$\{t\geqslant t_{\alpha}(n-1)\}$
			$\mu\geqslant\mu_0$	$\mu<\mu_0$		$\{t\leqslant -t_{\alpha}(n-1)\}$
	两总体 $\mu_1-\mu_2$	σ_1^2,σ_2^2 相等但未知	$\mu_1=\mu_2$	$\mu_1\neq\mu_2$	$t=\dfrac{\bar{x}-\bar{y}}{s_w\sqrt{\dfrac{1}{m}+\dfrac{1}{n}}}$ $\overset{H_0}{\sim}t(k)$ $k=m+n-2$	$\{|t|\geqslant t_{\alpha/2}(k)\}$
			$\mu_1\leqslant\mu_2$	$\mu_1>\mu_2$		$\{t\geqslant t_{\alpha}(k)\}$
			$\mu_1\geqslant\mu_2$	$\mu_1<\mu_2$		$\{t\leqslant -t_{\alpha}(k)\}$

表 6.2   正态总体方差的显著性检验(显著性水平为 α)

检验法	适用范围及相关条件		原假设 H_0	备择假设 H_1	检验统计量及其分布	拒绝域
χ^2 检验	单总体 σ^2	μ 未知	$\sigma^2 = \sigma_0^2$	$\sigma^2 \neq \sigma_0^2$	$\chi^2 = \dfrac{(n-1)s^2}{\sigma_0^2}$ $\overset{H_0}{\sim} \chi^2(n-1)$	$\{\chi^2 \geq \chi_{\alpha/2}^2(n-1)\}$ 或 $\{\chi^2 \leq \chi_{1-\alpha/2}^2(n-1)\}$
			$\sigma^2 \leq \sigma_0^2$	$\sigma^2 > \sigma_0^2$		$\{\chi^2 \geq \chi_\alpha^2(n-1)\}$
			$\sigma^2 \geq \sigma_0^2$	$\sigma^2 < \sigma_0^2$		$\{\chi^2 \leq \chi_{1-\alpha}^2(n-1)\}$
F 检验	两总体 $\dfrac{\sigma_1^2}{\sigma_2^2}$	μ_1, μ_2 未知	$\sigma_1^2 = \sigma_2^2$	$\sigma_1^2 \neq \sigma_2^2$	$F = \dfrac{s_1^2}{s_2^2} \overset{H_0}{\sim} F(k_1, k_2)$ $k_1 = m-1$ $k_2 = n-1$	$\{F \geq F_{\alpha/2}(k_1, k_2)\}$ 或 $\{F \leq F_{1-\alpha/2}(k_1, k_2)\}$
			$\sigma_1^2 \leq \sigma_2^2$	$\sigma_1^2 > \sigma_2^2$		$\{F \geq F_\alpha(k_1, k_2)\}$
			$\sigma_1^2 \geq \sigma_2^2$	$\sigma_1^2 < \sigma_2^2$		$\{F \leq F_{1-\alpha}(k_1, k_2)\}$

注 (1) 在双侧假设检验中,备择假设 H_1 有时可以省略不写.

(2) 如何选取原假设是假设检验首先要做的事情,鉴于显著性检验只控制犯弃真错误的概率,选取原假设的原则一般有以下几条:

① 把后果更严重的错误定为弃真错误,这样,其概率大小可由 α(显著性水平)控制. 因此,常把被拒绝时导致错误后果更严重的假设作为原假设 H_0.

② 把以往的资料或经验所提供的论断作为原假设 H_0. 例如,某厂产品的次品率一直不超过 0.05,对于当前的次品率 p,理所当然认为没有大的变化,因此可以设 $H_0 : p \leq 0.05$.

③ 若希望对某一陈述取得强有力的支持,则把这一陈述的反面作为原假设 H_0,而把这一陈述本身作为备择假设 H_1. 例如,要求检验提出的新方法(新技术、新配方等)是否优于旧方法,往往把"新方法不优于旧方法"作为原假设 H_0,而把"新方法优于旧方法"作为备择假设 H_1.

顺便指出,在提出原假设 $H_0 : \mu \leq \mu_0$(或 $H_0 : \mu \geq \mu_0$)时,等号必须要在 H_0 中而不在 H_1 中,这是因为我们要对弃真错误的概率 $P(拒绝 H_0 \mid H_0 \text{ 为真})$ 进行计算,使其不大于 α,通常正是在 $\mu = \mu_0$ 下进行的,所以等号要放在 H_0 中. 其他单侧检验情况是类似的.

(3) 检验问题 $H_0 : \mu = \mu_0$ 且 $H_1 : \mu > \mu_0$ 和 $H_0 : \mu \leq \mu_0$ 且 $H_1 : \mu > \mu_0$ 等价;$H_0 : \mu = \mu_0$ 且 $H_1 : \mu < \mu_0$ 和 $H_0 : \mu \geq \mu_0$ 且 $H_1 : \mu < \mu_0$ 等价. 所谓等价,即它们所用的检验统计量相同,同一显著性水平下的拒绝域相同. 其他参数检验问题有类似的结论.

6. p 值检验法

在一个假设检验问题中,利用样本值能够做出拒绝原假设的最小显著性水平

称为检验的 p 值.

检验的 p 值是当 H_0 成立时由检验统计量的值算出的尾部概率. 把检验的 p 值与人们心目中的显著性水平 α 进行比较,可以建立如下判断准则:

(1) 若 $\alpha \geqslant p$,则在显著性水平 α 下拒绝 H_0;

(2) 若 $\alpha < p$,则在显著性水平 α 下接受 H_0.

称这种判断准则为 p 值检验法.

注 (1) p 值检验法与前面介绍的假设检验法是等价的.

(2) p 值检验法很实用,检验的 p 值都可用相应的检验统计量的分布算得,很多的统计软件对检验问题都会给出检验的 p 值.

7*. 非参数 χ^2 拟合检验

当总体 X 的分布未知时,χ^2 拟合检验法可用来检验关于总体分布的假设. 检验的具体步骤如下:

(1) 根据实际问题提出原假设:

$$H_0 : F(x) = F_0(x; \theta_1, \theta_2, \cdots, \theta_r)$$

这里 $F(x)$ 是未知总体 X 的分布函数;$F_0(x; \theta_1, \theta_2, \cdots, \theta_r)$ 为类型已知的分布函数,其中含有 r 个未知参数 $\theta_1, \theta_2, \cdots, \theta_r$.

(2) 从总体 X 中抽取容量为 n 的样本 $x_1, x_2, \cdots, x_n$,将样本值的范围 $(-\infty, +\infty)$ 分成 k 个互不相交的小区间:$(a_{i-1}, a_i](i=1,2,\cdots,k)$,其中 a_0, a_k 可以分别取 $-\infty$ 和 $+\infty$,统计样本落入 $(a_{i-1}, a_i]$ 中的实际频数为 $n_i(i=1,2,\cdots,k), n_1 + n_2 + \cdots + n_k = n$. 一般要求 $n_i \geqslant 5$,否则就近并组.

(3) 求出 $F_0(x; \theta_1, \theta_2, \cdots, \theta_r)$ 中未知参数 $\theta_1, \theta_2, \cdots, \theta_r$ 的最大似然估计 $\hat{\theta}_1, \hat{\theta}_2, \cdots, \hat{\theta}_r$(若 $r=0$,即 $F_0(x)$ 中不含未知参数,则省略),并在 H_0 成立下,计算 X 落入第 i 个小区间 $(a_{i-1}, a_i]$ 内的概率

$$p_i = F_0(a_i; \hat{\theta}_1, \hat{\theta}_2, \cdots, \hat{\theta}_r) - F_0(a_{i-1}; \hat{\theta}_1, \hat{\theta}_2, \cdots, \hat{\theta}_r) \quad (i=1,2,\cdots,k)$$

此时,样本值落入第 i 个小区间 $(a_{i-1}, a_i]$ 内的理论频数为 np_i.

(4) 选取检验统计量为

$$\chi^2 = \sum_{i=1}^{k} \frac{(n_i - np_i)^2}{np_i} \overset{\text{近似}}{\sim} \chi^2(k-r-1) \tag{6.2}$$

无论总体 X 服从什么分布,上式均成立,但要求样本量 $n \geqslant 50$. 对给定的显著性水平 α,由样本值算出检验统计量 χ^2 的值,若 $\chi^2 > \chi_\alpha^2(k-r-1)$,则拒绝 H_0,否则接受 H_0.

【**典型例题解析**】

例 6.1 某批矿砂的 5 个样品中的镍含量,经测定为 3.25,3.27,3.24,3.26,

3.24(%). 若这种矿砂的镍含量 $X \sim N(\mu, \sigma^2)$,问在 $\alpha = 0.01$ 下能否接受假设:这批矿砂的含镍量的均值 $\mu = 3.25$?

解　此题 μ, σ^2 均未知,要检验的假设如下:

$$H_0 : \mu = 3.25 \quad 且 \quad H_1 : \mu \neq 3.25$$

故选取的检验统计量为

$$t = \frac{\bar{x} - 3.25}{s/\sqrt{n}}$$

原假设 H_0 的拒绝域为 $\{|t| \geqslant t_{\alpha/2}(n-1)\}$.

由题设知 $n = 5, \alpha = 0.01$,查表得 $t_{\alpha/2}(n-1) = t_{0.005}(4) = 4.6041$.

又由样本值算出

$$\bar{x} = \frac{1}{5} \sum_{i=1}^{5} x_i = 3.252, \quad s = \sqrt{\frac{1}{4} \sum_{i=1}^{5} (x_i - \bar{x})^2} = 0.01304$$

于是得

$$t = \frac{3.252 - 3.25}{0.01304/\sqrt{5}} = 0.343$$

在 $\alpha = 0.01$ 下,因 $|t| = 0.343 < 4.6041 = t_{\alpha/2}(n-1)$,故接受假设 H_0.

例 6.2　某种导线,要求其电阻的标准差(单位:Ω)不得超过 0.005. 今在生产的一批这种导线中抽取样品 9 根,测得 $s = 0.007$. 假定这种导线的电阻服从正态分布,试问在水平 $\alpha = 0.05$ 下能否认为这批导线的标准差显著地偏大?

解　本题要检验的假设如下:

$$H_0 : \sigma \leqslant 0.005 \quad 且 \quad H_1 : \sigma > 0.005$$

故选取的检验统计量为

$$\chi^2 = \frac{(n-1)s^2}{\sigma_0^2}$$

这是右边检验,原假设 H_0 的拒绝域为 $\{\chi^2 \geqslant \chi_\alpha^2(n-1)\}$.

由题设知 $n = 9, s = 0.007, \alpha = 0.05, \chi_\alpha^2(n-1) = \chi_{0.05}^2(8) = 15.507$. 于是有

$$\chi^2 = \frac{8 \times 0.007^2}{0.005^2} = 15.68$$

由于 $\chi^2 = 15.68 > 15.507 = \chi_\alpha^2(n-1)$,故拒绝 H_0. 即认为这批导线的标准差显著地偏大.

例 6.3　从甲、乙两个专业某门课程的期末考试中分别抽取样本容量为 10 份和 12 份的样本,经计算得样本的平均分分别为 65 分和 73 分. 设两个专业该门课的考试成绩都服从正态分布,方差均为 11^2,且两样本独立. 试在 0.1 的显著性水平下,检验两个专业该门课程的期末考试平均成绩是否相等.

解　为了检验两个专业该门课程的期末考试平均成绩是否相等,需要检验如

下假设：

$$H_0:\mu_1 = \mu_2 \quad 且 \quad H_1:\mu_1 \neq \mu_2$$

由题设知方差 $\sigma_1^2 = \sigma_2^2 = 11^2$，故采用两样本 u 检验法. $\alpha = 0.1$，查表得 $u_{\alpha/2} = u_{0.05} = 1.645$，因此 H_0 的拒绝域为

$$W = \{|u| \geqslant 1.96\}$$

由题设知，$m = 10, n = 12, \bar{x} = 65, \bar{y} = 73$，于是有

$$|u| = \left| \frac{\bar{x} - \bar{y}}{\sqrt{\sigma_1^2/m + \sigma_2^2/n}} \right| = \left| \frac{65 - 73}{\sqrt{11^2/10 + 11^2/12}} \right| = 1.699 > 1.645$$

从而拒绝 H_0，即在 0.1 的显著性水平下，认为两个专业该门课程的期末考试平均成绩不相等.

例 6.4 某厂使用两种不同的原料 A 和 B 生产同一类型产品，现从两种原料生产的产品中分别抽取容量为 22 件和 24 件的样本，测得平均质量分别为 2.36 kg 和 2.55 kg，样本标准差分别为 0.57 kg 和 0.48 kg. 设产品质量服从正态分布，两样本独立. 在 0.05 的显著性水平下，问能否认为：

(1) 两种原料生产的产品质量的方差相等？

(2) 原料 B 生产的产品的平均质量显著地大于原料 A？

解 由题设知 $m = 22, n = 24, \alpha = 0.05, \bar{x} = 2.36, \bar{y} = 2.55, s_1^2 = 0.57^2, s_2^2 = 0.48^2$.

(1) 为了判断两总体方差是否相等，需要检验如下假设：

$$H_0:\sigma_1^2 = \sigma_2^2 \quad 且 \quad H_1:\sigma_1^2 \neq \sigma_2^2$$

采用 F 检验法，查表得 $F_{\alpha/2}(m-1, n-1) = F_{0.025}(21, 23) = 2.3404, F_{0.025}(23, 21) = 2.3804$，从而

$$F_{1-\alpha/2}(m-1, n-1) = F_{0.975}(21, 23) = \frac{1}{F_{0.025}(23, 21)} = \frac{1}{2.3804} = 0.4201$$

于是 H_0 的拒绝域为

$$W = \{F \leqslant 0.4201\} \bigcup \{F \geqslant 2.34\}$$

由于

$$F = \frac{s_1^2}{s_2^2} = \frac{0.57^2}{0.48^2} \approx 1.4102 \notin W$$

故接受 H_0，即在 0.05 的显著性水平下，认为两种原料生产的产品质量的方差是相等的.

(2) 为了判断原料 B 生产的产品的平均质量是否显著地大于原料 A，需要检验如下假设：

$$H_0:\mu_1 \geqslant \mu_2 \quad 且 \quad H_1:\mu_1 < \mu_2$$

由(1)知，两总体方差相等但未知，故用两样本 t 检验法. 查表得 $t_\alpha(m+n-2) =$

$t_{0.05}(44) \approx u_{0.05} = 1.645$，故 H_0 的拒绝域为

$$W = \{t \leqslant -1.645\}$$

由于

$$s_w = \sqrt{\frac{(m-1)s_1^2 + (n-1)s_2^2}{m+n-2}} = \sqrt{\frac{21 \times 0.57^2 + 23 \times 0.48^2}{22 + 24 - 2}} = 0.5249$$

故

$$t = \frac{\bar{x} - \bar{y}}{s_w \sqrt{1/m + 1/n}} = \frac{2.36 - 2.55}{0.5249 \sqrt{1/22 + 1/24}} = -1.2264 > -1.645$$

因此在 0.05 的显著性水平下，应接受原假设 H_0，即认为原料 B 生产的产品的平均质量没有显著地大于原料 A.

　　例 6.5　检查了一本书的 100 页，记录各页中印刷错误的个数，其结果如表6.1所示.

表 6.1

错误个数 n_i	0	1	2	3	4	5	6	$\geqslant 7$
页数	36	40	19	2	0	2	1	0

问能否认为一页的印刷错误个数服从泊松分布(取 $\alpha = 0.05$)？

　　解　本题需要对一页的印刷错误个数 X 是否服从泊松分布做出判断，即要检验的原假设为

$$H_0: X \sim \pi(\lambda)$$

其中 $\lambda(>0)$ 未知，λ 的最大似然估计值为

$$\hat{\lambda} = \frac{1}{100} \sum_{i=1}^{100} x_i = 1$$

这是一个 χ^2 拟合检验问题，检验统计量为

$$\chi^2 = \sum_{i=1}^{k} \frac{(n_i - n\hat{p}_i)^2}{n\hat{p}_i}$$

原假设 H_0 的拒绝域为 $\{\chi^2 \geqslant \chi_\alpha^2(k-r-1)\}$. 其中 $n = 100$，

$$\hat{p}_0 = P(X = 0) = 1^0 e^{-1}/0! = 0.36788$$

$$\hat{p}_1 = P(X = 1) = 1^1 e^{-1}/1! = 0.36788$$

$$\hat{p}_2 = P(X = 2) = 1^2 e^{-1}/2! = 0.18394$$

$$\hat{p}_3 = P(X = 3) = 1^3 e^{-1}/3! = 0.06131$$

$$\hat{p}_4 = P(X = 4) = 1^4 e^{-1}/4! = 0.01533$$

$$\hat{p}_5 = P(X = 5) = 1^5 e^{-1}/5! = 0.00307$$

$$\hat{p}_6 = P(X = 6) = 1^6 e^{-1}/6! = 0.00051$$

$$\hat{p}_7 = P(X \geqslant 7) = 1 - \sum_{i=0}^{6} \hat{p}_i = 0.00008$$

当 $j > 3$ 时，$n\hat{p}_j < 5$，故将后 5 组合并为一组，从而有

$$\sum_{j=3}^{7} n\hat{p}_j = 8.030$$

于是，由样本值可得

$$\chi^2 = \frac{(36 - 36.788)^2}{36.788} + \frac{(40 - 36.788)^2}{36.788} + \frac{(19 - 18.394)^2}{18.394} + \frac{(5 - 8.030)^2}{8.030}$$

$$= 1.4606$$

合并后，$k = 4$，$r = 1$，$\alpha = 0.05$，查表得 $\chi_\alpha^2(k-r-1) = \chi_{0.05}^2(2) = 5.991$，由于

$$\chi^2 = 1.461 < 5.991 = \chi_\alpha^2(k-r-1)$$

故接受 H_0，即认为一页的印刷错误个数服从泊松分布.

【习题选解】

3. 设总体 $X \sim N(\mu, 300^2)$，对检验问题：

$$H_0: \mu = \mu_0 = 900 \quad 且 \quad H_1: \mu > \mu_0$$

抽取样本量为 25 的样本，若检验的拒绝域为 $W = \{\bar{x} \geqslant 995\}$.

(1) 求犯第一类错误的概率；

(2) 若 $\mu = 1070$，求犯第二类错误的概率.

解 (1) 因已知标准差 $\sigma = 300$，故拒绝域为

$$W = \left\{\frac{\bar{x} - \mu_0}{\sigma/\sqrt{n}} \geqslant u_\alpha\right\} = \left\{\bar{x} \geqslant \frac{\sigma}{\sqrt{n}} u_\alpha + \mu_0\right\}$$

即犯第一类错误的概率为

$$\alpha = P\left(\bar{x} \geqslant \frac{\sigma}{\sqrt{n}} u_\alpha + \mu_0\right)$$

由题设知 $n = 25$，$\mu_0 = 900$，$\frac{\sigma}{\sqrt{n}} u_\alpha + \mu_0 = 995$，故有

$$u_\alpha = \frac{\sqrt{n}}{\sigma}(995 - \mu_0) = \frac{\sqrt{25}}{300}(995 - 900) = 1.58$$

查表得 $\alpha = 0.057$.

(2) 当 $\mu = 1070$ 时，犯第二类错误的概率为

$$\beta = P(\bar{x} < 995 \mid \mu = 1070) = \Phi\left(\frac{995 - 1070}{300/\sqrt{25}}\right) = \Phi(-1.25) = 0.1056$$

6. 按照劳动法规定,工人平均每天的劳动时间不得超过 8 h,今从某公司随机选取一位员工,抽查其一个月(按 30 天计)的每天工作时间(单位:h),得到数据如下:

$$9,7,9,8,10,9,8,10,11,8,7,6,8,10,7$$
$$9,8,9,7,10,6,8,11,10,7,9,8,9,10,9$$

假设该公司员工每天的工作时间服从正态分布 $N(\mu,2)$,试问该员工的工作时间是否符合劳动法的规定?(取显著性水平为 0.05)

解 由题意知,需检验的假设是

$$H_0:\mu\leqslant 8 \quad 且 \quad H_1:\mu > 8$$

由于标准差已知,故采用 u 检验法,即选取

$$u = \frac{\bar{x}-\mu_0}{\sigma/\sqrt{n}}$$

作为检验统计量,其中 $\mu_0=8$. 对给定的显著性水平 $\alpha=0.05$,查表得 $u_{0.05}=1.645$. 因此 H_0 的拒绝域为

$$W = \{u \geqslant 1.645\}$$

由题设知 $n=30$,$\sigma^2=2$. 由样本值算得 $\bar{x}=8.5667$,故有

$$u = \frac{8.5667-8}{\sqrt{2/30}} = 2.195 > 1.645$$

因此拒绝 H_0,即认为该员工的工作时间不符合劳动法的规定.

9. 考察一鱼塘中鱼的含汞量,从中捞出 10 条鱼,测得其含汞量(单位:mg)如下:

$$0.8,1.6,0.9,0.8,1.2,0.4,0.7,1.0,1.2,1.1$$

假定鱼的含汞量服从正态分布 $N(\mu,\sigma^2)$,试在显著性水平 0.10 下,检验假设:

$$H_0:\mu\leqslant 1.2 \quad 且 \quad H_1:\mu > 1.2.$$

解 由于标准差未知,故采用 t 检验法,即选用

$$t = \frac{\bar{x}-\mu_0}{s/\sqrt{n}}$$

作为检验统计量. 由题设知 $n=10$,$\alpha=0.10$,查表得 $t_\alpha(n-1)=t_{0.10}(9)=1.383$. 因此 H_0 的拒绝域为

$$W = \{t \geqslant 1.383\}$$

又因为 $\bar{x}=0.97$,$s^2=0.109$,故有

$$t = \frac{0.97-1.2}{\sqrt{0.109/10}} = -2.203 < 1.383$$

由于 $t=-2.203<1.383$,故接受 H_0.

11. 维尼纶的纤度 $X\sim N(\mu,\sigma^2)$,由以往资料知,$\mu=1.41$,$\sigma^2=0.048$. 某日抽

取 5 根纤维,测得其纤度:1.32,1.53,1.36,1.40,1.44. 试在显著性水平 0.10 下,检验:

(1) 这一天维尼纶纤度的均值 μ 有无显著变化?

(2) 这一天维尼纶纤度的方差 σ^2 有无显著变化?

解　由题设知 $n=5,\alpha=0.10$,由样本值算得 $\bar{x}=1.41,s^2=0.0065$.

(1) 需检验的假设为

$$H_0:\mu=1.41 \quad 且 \quad H_1:\mu\neq 1.41$$

由于方差未知,故采用 t 检验法. 查表得 $t_{\alpha/2}(n-1)=t_{0.05}(4)=2.1318$,因此 H_0 的拒绝域为

$$W=\{|t|\geqslant 2.1318\}$$

又因为

$$t=\frac{\bar{x}-\mu_0}{s/\sqrt{n}}=\frac{1.41-1.41}{\sqrt{0.0065/5}}=0$$

而 $|t|=0<2.1318=t_{\alpha/2}(n-1)$,故接受 H_0,即认为这一天维尼纶纤度的均值 μ 无显著变化.

(2) 需检验的假设为

$$H_0:\sigma^2=0.0048 \quad 且 \quad H_1:\sigma^2\neq 0.0048$$

采用 χ^2 检验法,查表得 $\chi^2_{\alpha/2}(n-1)=\chi^2_{0.05}(4)=9.49,\chi^2_{1-\alpha/2}(n-1)=\chi^2_{0.95}(4)=0.71$,故 H_0 的拒绝域为

$$W=\{\chi^2\leqslant 0.71\}\bigcup\{\chi^2\geqslant 9.49\}$$

由于

$$\chi^2=\frac{(n-1)s^2}{\sigma_0^2}=\frac{4\times 0.0065}{0.0048}=5.42\notin W$$

因此接受 H_0,即认为这一天维尼纶纤度的方差 σ^2 无显著变化.

14. 某厂铸造车间为提高缸体的耐磨性而试制了一种镍合金铸件以取代一种铜合金铸件,现从两种铸件中各抽一个样本进行硬度测试,其结果如下:

镍合金铸件硬度(X):72.0, 69.5, 74.0, 70.5, 71.8

铜合金铸件硬度(Y):69.8, 70.0, 72.0, 68.5, 73.0, 70.0

由以往资料知,$X\sim N(\mu_1,4),Y\sim N(\mu_2,5)$,试在显著性水平 0.05 下,检验:

$$H_0:\mu_1=\mu_2 \quad 且 \quad H_1:\mu_1\neq\mu_2$$

解　本题已知方差 $\sigma_1^2=4,\sigma_2^2=5$,故采用两样本 u 检验法. $\alpha=0.05$,查表得 $u_{\alpha/2}=u_{0.025}=1.96$,因此 H_0 的拒绝域为

$$W=\{|u|\geqslant 1.96\}$$

由题设知 $m=5,n=6$;由样本值算得 $\bar{x}=71.56,\bar{y}=70.55$,于是有

$$u = \frac{\bar{x} - \bar{y}}{\sqrt{\sigma_1^2/m + \sigma_2^2/n}} = \frac{71.56 - 70.55}{\sqrt{4/5 + 6/5}} = 0.7142 < 1.96$$

从而接受 H_0，即两种铸件硬度没有显著的差异.

18. 有两台车床生产同一种滚珠，滚珠直径服从正态分布. 从中分别抽取 8 个和 9 个滚珠，测其直径(单位:mm)如下:

甲车床:15.0,14.5,15.2,15.5,14.8,15.1,15.2,14.8

乙车床:15.2,15.0,14.8,15.2,15.0,15.0,14.8,15.1,14.8

试在显著性水平 0.05 下，检验:

(1) 两台车床生产的滚珠直径的方差是否相等;

(2) 两台车床生产的滚珠直径的均值是否相等.

解 由题设知 $m = 8, n = 9, \alpha = 0.05$，由样本值算得 $\bar{x} = 15.01, \bar{y} = 14.99, s_1^2 = 0.0955, s_2^2 = 0.0261$.

(1) 为了判断两总体方差是否相等，需要检验如下假设:

$$H_0 : \sigma_1^2 = \sigma_2^2 \quad \text{且} \quad H_1 : \sigma_1^2 \neq \sigma_2^2$$

采用 F 检验法，查表得 $F_{\alpha/2}(m-1, n-1) = F_{0.025}(7,8) = 4.53, F_{0.025}(8,7) = 4.9$，从而

$$F_{1-\alpha/2}(m-1, n-1) = F_{0.975}(7,8) = \frac{1}{F_{0.025}(8,7)} = \frac{1}{4.90} = 0.204$$

于是 H_0 的拒绝域为

$$W = \{F \leqslant 0.204\} \bigcup \{F \geqslant 4.53\}$$

由于

$$F = \frac{s_1^2}{s_2^2} = \frac{0.0955}{0.0261} \approx 3.659 \notin W$$

故接受 H_0，即认为两台车床生产的滚珠直径的方差是相等的.

(2) 为了判断两总体均值是否相等，需要检验如下假设:

$$H_0 : \mu_1 = \mu_2 \quad \text{且} \quad H_1 : \mu_1 \neq \mu_2$$

由(1)知，两总体方差相等，但未知，故用两样本 t 检验法. 查表得 $t_{\alpha/2}(m+n-2) = t_{0.025}(15) = 2.1315$，故 H_0 的拒绝域为

$$W = \{|t| \geqslant 2.1315\}$$

由于

$$s_w = \sqrt{\frac{(m-1)s_1^2 + (n-1)s_2^2}{m+n-2}} = \sqrt{\frac{7 \times 0.0955 + 8 \times 0.0261}{8+9-2}} = 0.2419$$

故

$$t = \frac{\bar{x} - \bar{y}}{s_w\sqrt{1/m + 1/n}} = \frac{15.01 - 14.99}{0.2419\sqrt{1/8 + 1/9}}$$

$$= 0.1702 < 2.1314$$

因此接受 H_0，即认为两台车床生产的滚珠直径的均值是相等的.

20. 为了比较测定活水中氯气含量的两种方法，特在各种场合收集到 8 个污水水样，每个水样均用这两种方法测定氯气含量（单位：mg/L），获得数据如表 6.2 所示. 设总体为正态分布，试在显著性水平 0.05 下，比较两种测定方法是否有显著差异. 并请给出检验的 p 值和结论.

表 6.2

水样号	1	2	3	4	5	6	7	8
方法一 x	0.36	1.35	2.56	3.92	5.35	8.33	10.70	10.91
方法二 y	0.39	0.84	1.76	3.35	4.69	7.70	10.52	10.92

解 本题出现成对数据，每个水样用两种方法测定出两个氯气含量，不仅与测定方法有关，还与水质有关. 我们的目的不是比较 8 个水样之间的差异，而是比较两种方法之间的差异. 为此考察成对数据的差 $d_i = x_i - y_i (i = 1, 2, \cdots, 8)$，具体如下：

$$-0.03, 0.51, 0.80, 0.57, 0.66, 0.63, 0.18, -0.01$$

它消除了水样差异这个不可控因素的影响，主要反映了两种测定方法的差异.

在正态性假定下，$d_1, d_2, \cdots, d_8$ 可视为取自正态总体 $N(\mu, \sigma^2)$ 的一个样本，检验两种测定方法之间有无差异就转化为检验如下假设：

$$H_0 : \mu = 0 \quad 且 \quad H_1 : \mu \neq 0$$

这是单个正态总体均值是否为 0 的检验问题.

由于 σ 未知，故采用 t 检验法，检验统计量为

$$t = \frac{\bar{d}}{s_d / \sqrt{n}}$$

其中 $n = 8$，$\bar{d}$ 与 s_d 分别为 $d_1, d_2, \cdots, d_8$ 的样本均值与样本标准差，由样本值算得 $\bar{d} = 0.414$，$s_d = 0.3210$. 对 $\alpha = 0.05$，查表得 $t_{0.025}(7) = 2.3646$，H_0 的拒绝域为

$$W = \{|t| \geqslant 2.3646\}$$

由于检验统计量 t 的值为

$$|t| = \left| \frac{0.414}{0.3210 / \sqrt{8}} \right| = 3.6478 > 2.3646$$

故拒绝 H_0，即认为两种测定方法有显著差异.

令 $|t| = 3.6478 = t_{p/2}(7) \Rightarrow p = 0.008$，因为 $p < \alpha = 0.05$，所以拒绝 H_0，即认为两种测定方法有显著差异.

23*. 一项调查结果声称某市老年人口（年龄在 65 岁以上）比例为 14.7%，该

市老龄人口研究会为了检验该项调查是否可靠,随机抽取 400 位居民,发现其中老年人有 57 位. 试在显著性水平 0.05 下检验"该市老年人口比例为 14.7%"的说法是否成立,并请给出检验的 p 值和结论.

　　解　以 p 表示老年人口比例,此题要检验的假设是

$$H_0: p = 14.7\% \quad 且 \quad H_1: p \neq 14.7\%$$

由中心极限定理可知,当 H_0 成立时,若样本量 n 充分大,则统计量

$$u = \frac{\bar{x} - p_0}{\sqrt{p_0(1-p_0)/n}} \overset{近似}{\sim} N(0,1)$$

其中 $p_0 = 14.7\%$. 故可选用上述 u 作为检验统计量. 由题设知 $n = 400$,$\alpha = 0.05$,查表得 $u_{\alpha/2} = u_{0.025} = 1.96$. 因此 H_0 的拒绝域为

$$W = \{|u| \geqslant 1.96\}$$

由抽样结果知 $\bar{x} = 57/400 = 14.25\%$,于是有

$$|u| = \frac{|0.1425 - 0.147|}{\sqrt{0.147 \times (1-0.147)/400}} = 0.254 < 1.96$$

因此接受 H_0,即认为"该市老年人口比例为 14.7%"的说法是成立的.

　　令 $|u| = 0.254 = u_{p/2} \Rightarrow p = 0.799$,因为 $p > \alpha = 0.05$,所以接受 H_0,即认为"该市老年人口比例为 14.7%"的说法是成立的.

【自测题】

1. 单项选择题

(1) 设 $x_1, x_2, \cdots, x_n$ 为来自正态总体 $N(\mu, \sigma^2)$ 的一个样本,若进行假设检验,当(　　)时,选用 $t = \dfrac{\bar{x} - \mu_0}{s/\sqrt{n}}$ 作为检验统计量.

　　A. μ 未知,检验 $H_0: \sigma^2 = \sigma_0^2$　　　　　　B. μ 已知,检验 $H_0: \sigma^2 = \sigma_0^2$

　　C. σ^2 未知,检验 $H_0: \mu = \mu_0$　　　　　　D. σ^2 已知,检验 $H_0: \mu = \mu_0$

(2) 在一次假设检验中,下列说法正确的是(　　).

　　A. 既可能犯第一类错误也可能犯第二类错误

　　B. 若备择假设正确,但做出的决策是拒绝备择假设,则犯了第一类错误

　　C. 增大样本容量,则犯两类错误的概率都不变

　　D. 若原假设是错误的,但做出的决策是接受备择假设,则犯了第二类错误

(3) 在假设检验问题中,犯第一类错误的概率 α 的意义是(　　).

　　A. 在 H_0 不成立的条件下,经检验 H_0 被拒绝的概率

　　B. 在 H_0 不成立的条件下,经检验 H_0 被接受的概率

C. 在 H_0 成立的条件下,经检验 H_0 被拒绝的概率

D. 在 H_0 成立的条件下,经检验 H_0 被接受的概率

(4) 在对单个正态总体均值的假设检验中,当总体方差已知时,选用(　　).

A. t 检验法　　　　B. u 检验法　　　　C. F 检验法　　　　D. χ^2 检验法

(5) 在一个确定的假设检验中,与判断结果相关的因素有(　　).

A. 样本值与样本量　　　　　　　　B. 显著性水平 α

C. 检验统计量　　　　　　　　　　D. A,B,C 同时成立

2. 填空题

(1) 在假设检验中,在原假设 H_0 不成立的情况下,样本值未落入拒绝域 W,从而接受 H_0,称这种错误为第＿＿＿＿类错误.

(2) 设某个假设检验问题的拒绝域为 W,且当原假设 H_0 成立时,样本值 x_1,x_2,$\cdots$,x_n 落入 W 的概率为 0.15,则犯第一类错误的概率为＿＿＿＿.

(3) 若原假设实际上是假的,一次抽样所得的样本落入了拒绝域里,我们将做出＿＿＿＿的判断,这种判断是＿＿＿＿.

(4) 对于一个具体的假设检验问题,当样本确定以后,若在 0.05 的显著性水平下做出的判断是接受原假设,则当显著性水平小于 0.05 时,做出的判断都是＿＿＿＿.

(5) 某种电子元件的电阻值(单位:Ω)$X \sim N(1000,400)$,随机抽取 25 个元件,测得平均电阻值 $\bar{x}=992$,若在 $\alpha=0.10$ 下检验电阻值的期望 μ 是否符合要求,则要检验的原假设为＿＿＿＿,所选用的检验统计量是＿＿＿＿,当原假设成立时,它服从＿＿＿＿分布,拒绝域为＿＿＿＿.

3. 水泥厂用自动包装机包装水泥,每袋额定重量是 50 kg,某日开工后随机抽查了 9 袋,称得重量如下:49.6,49.3,50.1,50.0,49.2,49.9,49.8,51.0,50.2. 设每袋重量 $X \sim N(\mu,\sigma^2)$,若 σ^2 未知,试在显著性水平 $\alpha=0.05$ 下判定包装机工作是否正常.

4. 要求某种元件平均使用寿命不得低于 1000 h,从一批这种元件中随机抽取 25 件,测得其寿命的平均值为 950 h. 已知该种元件寿命服从标准差为 $\sigma=100$(h)的正态分布,试在显著性水平 $\alpha=0.05$ 下判定这批元件是否合格.

5. 在 20 世纪 70 年代后期人们发现,在酿造啤酒时,在麦芽干燥过程中会形成致癌物质亚硝基二甲胺(NDMA),到了 20 世纪 80 年代初期,开发了一种新的麦芽干燥过程,表 6.3 给出了分别在新老两种过程中形成的 NDMA 含量(以 10 亿份中的份数计).

表 6.3

老过程	6	4	5	5	6	5	5	6	4	6	7	4
新过程	2	1	2	2	1	0	3	2	1	0	1	3

设两样本相互独立,分别来自正态总体 $N(\mu_1,\sigma_1^2)$ 和 $N(\mu_2,\sigma_2^2)$,若 $\sigma_1^2=\sigma_2^2$,试在显著性水平 $\alpha=0.05$ 下检验如下假设:

(1) $H_0:\sigma_1^2=\sigma_2^2$ 且 $H_1:\sigma_1^2\neq\sigma_2^2$;

(2) $H_0:\mu_1-\mu_2\leqslant 2$ 且 $H_1:\mu_1-\mu_2>2$.

【自测题解答】

1. (1) C;(2) A;(3) C;(4) B;(5) D.

2. (1)二;(2) 0.15;(3) 拒绝原假设,正确的;(4) 接受原假设;

(5) $H_0:\mu=\mu_0(\mu_0=1000),u=\dfrac{\bar{x}-\mu_0}{\sigma/\sqrt{n}},N(0,1),W=\{|u|\geqslant 1.645\}$.

3. 要检验的假设为

$$H_0:\mu=50 \quad 且 \quad H_1:\mu\neq 50$$

由于 σ^2 未知,故选用的检验统计量为

$$t=\frac{\bar{x}-\mu_0}{s/\sqrt{n}}$$

H_0 的拒绝域为

$$W=\{|t|>t_{\alpha/2}(n-1)\}$$

其中 $\mu_0=50,n=9,\alpha=0.05$,查表得 $t_{\alpha/2}(n-1)=t_{0.025}(8)=2.306$. 由样本值算得 $\bar{x}=49.9,s=0.536$. 于是有

$$|t|=\frac{|49.9-50|}{0.536/\sqrt{9}}=0.56<2.306$$

故接受 H_0,即认为该包装机工作正常.

4. 要检验的假设为

$$H_0:\mu\geqslant 1000 \quad 且 \quad H_1:\mu<1000$$

由于 σ^2 已知,故选用的检验统计量为

$$u=\frac{\bar{x}-\mu_0}{\sigma/\sqrt{n}}$$

H_0 的拒绝域为

$$W=\{u<-u_{\alpha/2}\}$$

其中 $n=25, \bar{x}=950, \alpha=0.05$，查表得 $u_{\alpha/2}=u_{0.05}=1.645$. 由于

$$u = \frac{\bar{x}-1000}{100/\sqrt{25}} = -2.5 < -1.645$$

故拒绝 H_0，即认为这批元件不合格.

5. 由题设知 $\alpha=0.05, n_1=n_2=12$. 由样本值算得 $\bar{x}=5.08, \bar{y}=1.50, s_1^2=0.4152, s_2^2=0.7273$.

(1) 采用 F 检验法. 查表得

$$F_{\alpha/2}(n_1-1, n_2-1) = F_{0.025}(11,11) = 3.48, \quad F_{0.975}(11,11) = 1/3.48 = 0.29$$

故 H_0 的拒绝域为

$$W = \{F < 0.29 \text{ 或 } F > 3.48\}$$

由于检验统计量的值为

$$F = \frac{s_2^2}{s_1^2} = \frac{0.7273}{0.4152} = 1.75 \notin W$$

故接受 H_0，即可以认为两总体方差相等.

(2) 这是一个两总体均值差的检验问题，虽然 σ_1^2 与 σ_2^2 均未知，但由(1)知 σ_1^2 与 σ_2^2 相等，故采用两样本 t 检验法. 查表得 $t_\alpha(n_1+n_2-2)=t_{0.05}(22)=1.7171$，故 H_0 的拒绝域为

$$W = \{t \geqslant 1.7171\}$$

选用的检验统计量为

$$t = \frac{\bar{x}-\bar{y}-2}{s_w\sqrt{1/m+1/n}}$$

其中

$$s_w = \sqrt{\frac{(m-1)s_1^2+(n-1)s_2^2}{m+n-2}} = \sqrt{\frac{(12-1)\times 0.4152+(12-1)\times 0.7273}{12+12-2}}$$
$$= 0.7236$$

由于

$$t = \frac{\bar{x}-\bar{y}-2}{s_w\sqrt{1/n_1+1/n_2}} = \frac{5.08-1.50-2}{0.7236\sqrt{1/12+1/12}} = 5.3487 > 1.7171$$

因而拒绝 H_0，可见我们有理由认为 $\mu_1-\mu_2>2$.

综合自测题

【综合自测题(一)】

一、单项选择题(每小题 3 分,共 15 分)

1. 设 x_1, x_2, x_3, x_4 为来自总体 X 的样本,$E(X) = \theta$. 令 $\hat{\theta}_1 = \frac{1}{3}(2x_1 + 3x_2 + x_4)$,$\hat{\theta}_2 = \frac{1}{3}(2x_1 + x_3)$,则作为 θ 的估计,以下说法正确的是(　　).

    A. $\hat{\theta}_1$ 较 $\hat{\theta}_2$ 有效　　　　　　B. $\hat{\theta}_1$ 不是无偏估计,$\hat{\theta}_2$ 是无偏估计

    C. $\hat{\theta}_2$ 较 $\hat{\theta}_1$ 有效　　　　　　D. $\hat{\theta}_1$ 是无偏估计,$\hat{\theta}_2$ 不是无偏估计

2. 设 $x_1, x_2, \cdots, x_n$ 为来自总体 $N(\mu, \sigma^2)$ 的样本,则 $\sum\limits_{i=1}^{n} \left(\dfrac{x_i - \mu}{\sigma} \right)^2 \sim$(　　).

    A. $\chi^2(n)$　　　　　　　　　　B. $N(0,1)$

    C. $t(n-1)$　　　　　　　　　　D. $F(n, n-1)$

3. 已知某班考试成绩 X 的数学期望和均方差分别为 75 和 5. 根据切比雪夫不等式可以估计出学生的成绩取得 65 分到 85 分的概率为(　　).

    A. $P(65 < X < 85) \leqslant \dfrac{3}{4}$　　　　B. $P(65 < X < 85) \geqslant \dfrac{3}{4}$

    C. $P(65 < X < 85) \leqslant \dfrac{1}{4}$　　　　D. $P(65 < X < 85) \geqslant \dfrac{1}{4}$

4. 设 A, B 为任意两事件,则下列结论正确的是(　　).

    A. $P(A \cup B) = P(A) + P(B)$　　　　B. $P(AB) = P(A)P(B)$

    C. $P(\overline{A \cup B}) = P(\overline{A}) + P(\overline{B})$　　　　D. $P(A - B) = P(A) - P(AB)$

5. 设 A_1, A_2 为两个事件,则下列事件中(　　)表示了"A_1, A_2 至少有一个发生"?

    A. $A_1 A_2$　　　　　　　　　　B. $\Omega - (A_1 \cup A_2)$

    C. $A_1 \cup (A_2 - A_1)$　　　　　　D. $A_1 \overline{A_2} \cup \overline{A_1} A_2$

二、填空题(每小题 3 分,共 15 分)

6. 假设检验的基本原理是 _____.

7. 设随机变量 $X \sim N(40.5, 0.4^2)$，$Y \sim N(41.5, 0.3^2)$，且 X 和 Y 相互独立，则 $Y - X \sim$ _____．

8. 口袋中有 7 个白球、3 个黑球，从中任取 2 个，则取到的两个球颜色相同的概率是 _____．

9. 设随机变量 X 的分布函数 $F(x) = \begin{cases} 0, & x < 0 \\ A\sin x, & 0 \leqslant x \leqslant \pi/2, \text{则 } A = \\ 1, & x > \pi/2 \end{cases}$ _____．

10. 设 (X, Y) 是二维随机变量 $\text{Var}(X) = 9$，$\text{Var}(Y) = 4$，$\rho_{XY} = -\dfrac{1}{6}$，则 $\text{Var}(X + Y) =$ _____．

三、计算题(共 30 分)

11. (6 分)设随机变量 X 服从 $[0, 1]$ 上的均匀分布，试求：

(1) $Y = e^X$ 的概率密度 $f_Y(y)$；

(2) $E(Y)$．

12. (6 分)设 A, B 是两个事件，$P(A) = 0.4$，$P(A \cup B) = 0.7$．

(1) 当 A, B 互不相容时，求 $P(B)$；

(2) 当 A, B 相互独立时，求 $P(B)$．

13. (8 分)设二维随机变量 (X, Y) 的联合密度函数

$$f(x, y) = \begin{cases} x^2 + \dfrac{1}{3}xy, & 0 \leqslant x \leqslant 1, 0 \leqslant y \leqslant 2 \\ 0, & \text{其他} \end{cases}$$

(1) 求 (X, Y) 的边际密度函数；

(2) 判断 X 与 Y 是否相互独立．

14. (10 分)从学校乘汽车到火车站的途中有三个交通灯控制路口．设在各路口遇到的红灯的事件是相互独立的，其概率均为 0.4．用 X 表示途中遇到的红灯的次数，试求：

(1) X 的分布列；

(2) 途中至少遇到 1 次红灯的概率；

(3) X 的期望 $E(X)$ 和方差 $\text{Var}(X)$．

四、解答题(每题 10 分，共 40 分)

15. 某测量仪器由两个关键部件组装而成，假设各个部件互不影响且各自的优质品率分别为 0.8 和 0.7．已知：如果两个部件都是优质品，则组装后的仪器一定合格；如果有一个部件不是优质品，则组装后的仪器不合格率为 0.2；如果两个部件都不合格，则仪器的不合格率是 0.6．

（1）求组装后仪器的不合格率；

（2）若已发现一台仪器不合格，问它有一个部件不是优质品的概率为多少？

16. 一个复杂的系统由 100 个相互独立起作用的部件组成，在整个运行期间每个部件损坏的概率为 0.1. 为了使整个系统起作用，必须至少由 85 个部件正常工作，求整个系统起作用的概率.（$\Phi(1.67)=0.9525$）

17. 设总体 X 具有的分布律如表 1 所示.

表 1

X	0	1	2	3
P	θ^2	$2\theta(1-\theta)$	θ^2	$1-2\theta$

表中 θ 为未知参数. 已知取得了样本值 $x_1=3,x_2=2,x_3=3,x_4=0$，试求 θ 的矩估计值和最大似然估计值.

18. 某自动测量工具的测量误差服从正态分布，随机抽取 9 次测量结果，得到平均误差为 2.79，标准差为 0.3. 已知 $t_{0.025}(8)=2.306$.

（1）求该测量工具平均测量误差的置信度为 0.95 的置信区间；

（2）已知该自动测量工具正常工作时测量误差的期望为 2.5，试在显著性水平 $\alpha=0.05$ 下，根据抽样结果判断该测量工具工作是否正常.

【综合自测题（一）解答】

一、单项选择题

1. B；2. A；3. B；4. D；5. C.

二、填空题

6. 小概率原理（小概率事件在一次试验中实际上几乎不可能发生）；

7. $N(1,0.25)$；8. 8/15；9. 1；10. 11.

三、计算题

11.（1）由题设知 $X\sim U(0,1)$，故 X 的密度函数为

$$f(x)=\begin{cases}1, & 0\leqslant x\leqslant 1 \\ 0, & \text{其他}\end{cases}$$

因此，$Y=\mathrm{e}^X$ 的密度函数为

$$f_Y(y)=\begin{cases}f_X(\ln y)\,|\ln'y|, & 1<y<\mathrm{e} \\ 0, & \text{其他}\end{cases}=\begin{cases}\dfrac{1}{y}, & 1<y<\mathrm{e} \\ 0, & \text{其他}\end{cases}$$

（2）$E(Y)=\displaystyle\int_{-\infty}^{+\infty}\mathrm{e}^x f(x)\,\mathrm{d}x=\int_0^1 \mathrm{e}^x\,\mathrm{d}x=\mathrm{e}-1.$

12. (1) 当 A 与 B 互不相容时, $P(A\bigcup B)=P(A)+P(B)$, 故

$$P(B) = P(A\bigcup B) - P(A) = 0.7 - 0.4 = 0.3$$

(2) 当 A 与 B 相互独立时, $P(AB)=P(A)P(B)$, 故

$$P(A\bigcup B) = P(A) + P(B) - P(AB) = P(A) + P(B) - P(A)P(B)$$

由此可得

$$P(B) = \frac{P(A\bigcup B) - P(A)}{1 - P(A)} = \frac{0.7 - 0.4}{1 - 0.4} = 0.5$$

13. (1) 当 $0 \leqslant x \leqslant 1$ 时

$$f_X(x) = \int_{-\infty}^{+\infty} f(x,y)\mathrm{d}y = \int_0^2 \left(x^2 + \frac{xy}{3}\right)\mathrm{d}y = 2x^2 + \frac{2}{3}x$$

当 $x \notin [0,1]$ 时, $f(x,y)=0$, 故 $f_X(x)=0$. 因此 X 的边际密度函数为

$$f_X(x) = \begin{cases} 2x^2 + \dfrac{2}{3}x, & 0 \leqslant x \leqslant 1 \\ 0, & \text{其他} \end{cases}$$

同理, 可得 Y 的边际密度函数为

$$f_Y(y) = \begin{cases} \dfrac{1}{6}(2+y), & 0 \leqslant y \leqslant 2 \\ 0, & \text{其他} \end{cases}$$

(2) 因为 $0 \leqslant x \leqslant 1, 0 \leqslant y \leqslant 2$ 时

$$f(x,y) \neq f_X(x)f_Y(y)$$

所以 X 与 Y 不相互独立.

14. (1) 显然 $X \sim B(3, 0.4)$, 即

$$P(X=k) = C_3^k (0.4)^k (0.6)^{3-k} \quad (k = 0,1,2,3)$$

故 X 的分布列如表 2 所示.

表 2

X	0	1	2	3
P	$\dfrac{27}{125}$	$\dfrac{54}{125}$	$\dfrac{26}{125}$	$\dfrac{8}{125}$

(2) $P(X \geqslant 1) = 1 - P(X<1) = 1 - P(X=0) = 98/125$;

(3) $E(X) = 3 \times 0.4 = 1.2$; $\mathrm{Var}(X) = 3 \times 0.4 \times 0.6 = 0.72$.

四、解答题

15. 设 B="仪器不合格", A_i="仪器上有 $i(i=0,1,2)$ 个部件不是优质品", A_0, A_1, A_2 构成一个完备事件组. 则

$$P(B|A_0) = 0, \quad P(B|A_1) = 0.2, \quad P(B|A_2) = 0.6$$

由事件的独立性得

$$P(A_0) = 0.8 \times 0.7 = 0.56$$
$$P(A_1) = (1-0.8) \times 0.7 + 0.8 \times (1-0.7) = 0.38$$
$$P(A_2) = (1-0.8)(1-0.7) = 0.06$$

(1) 由全概率公式得

$$P(B) = \sum_{i=0}^{2} P(A_i)P(B|A_i) = 0.56 \times 0 + 0.38 \times 0.2 + 0.06 \times 0.6 = 0.112$$

(2) 由贝叶斯公式得

$$P(A_1|B) = \frac{P(A_1)P(B|A_1)}{P(B)} = \frac{0.38 \times 0.2}{0.112} = 0.679$$

16. 设

$$X_i = \begin{cases} 1, & 第\ i\ 个部件正常工作 \\ 0, & 第\ i\ 个部件损坏 \end{cases} \quad (i = 1, 2, \cdots, 100)$$

则

$$X = \sum_{i=1}^{100} X_i \sim B(100, 0.9)$$

由中心极限定理得

$$P(X \geqslant 85) = P\left(\frac{X - 100 \times 0.9}{\sqrt{100 \times 0.9 \times 0.1}} \geqslant \frac{85 - 100 \times 0.9}{\sqrt{100 \times 0.9 \times 0.1}} \right)$$
$$= 1 - \Phi\left(-\frac{5}{3} \right) = \Phi\left(\frac{5}{3} \right) = 0.9525$$

可见整个系统起作用的概率是 0.9525.

17. 先求 θ 的矩估计. 总体一阶矩为

$$\mu_1 = E(X) = \sum_{k=1}^{4} x_k p_k = 3 - 4\theta$$

从中解出 $\theta = \frac{1}{4}(3 - \mu_1)$，用样本矩替换总体矩，得 θ 的矩估计量为

$$\hat{\theta} = \frac{1}{4}(3 - \bar{x})$$

由样本值算得 $\bar{x} = \frac{1}{4}(3 + 2 + 3 + 0) = 2$，故 θ 的矩估计值为

$$\hat{\theta} = \frac{1}{4}(3 - 2) = \frac{1}{4}$$

下面来求 θ 的最大似然估计. θ 的似然函数为

$$L(\theta) = \prod_{i=1}^{4} p(x_i; \theta) = [P(X=3)]^2 P(X=2) P(X=0) = \theta^4 (1-2\theta)^2$$

取对数得

$$\ln L(\theta) = 4\ln\theta + 2\ln(1-2\theta)$$

解似然方程

$$\frac{\mathrm{d}\ln L(\theta)}{\mathrm{d}\theta} = \frac{4}{\theta} - \frac{4}{1-2\theta} = 0$$

即得到的最大似然估计值为 $\hat{\theta} = \frac{1}{3}$.

18. (1) 测量误差 $X \sim N(\mu, \sigma^2)$,因 σ 未知,故 μ 的 $1-\alpha$ 置信区间为

$$\left(\bar{x} - \frac{s}{\sqrt{n}} t_{\alpha/2}(n-1), \bar{x} + \frac{s}{\sqrt{n}} t_{\alpha/2}(n-1) \right)$$

其中 $n=9$, $\bar{x}=2.79$, $s=0.3$. 又因为 $\alpha=0.05$, $t_{\alpha/2}(n-1)=t_{0.025}(8)=2.306$,所以该测量工具平均测量误差 μ 的 0.95 置信区间为

$$\left(2.79 - \frac{0.3}{\sqrt{9}} \times 2.306, 2.79 + \frac{0.3}{\sqrt{9}} \times 2.306 \right) = (2.56, 3.02)$$

(2) 由题意知,需检验假设:

$$H_0 : \mu = 2.5 \quad \text{且} \quad H_1 : \mu \neq 2.5$$

由于标准差未知,故采用 t 检验法. 因为 $\alpha = 0.05$,所以 $t_{\alpha/2}(n-1)=t_{0.025}(8)=2.306$. 故 H_0 的拒绝域为

$$W = \{ |t| \geqslant 2.306 \}$$

由于检验统计量的值为

$$t = \frac{\bar{x} - \mu_0}{s/\sqrt{n}} = \frac{2.79 - 2.5}{0.3/\sqrt{9}} = 2.9$$

可见样本值落入拒绝域,故拒绝 H_0,即认为该测量工具工作不正常.

【综合自测题(二)】

一、单项选择题(每小题 4 分,共 20 分)

1. 设 A 和 B 为任意二事件,(   ).

    A. 若 $AB \neq \varnothing$,则 A,B 一定独立   B. 若 $AB \neq \varnothing$,则 A,B 有可能独立

    C. 若 $AB = \varnothing$,则 A,B 一定独立   D. 若 $AB = \varnothing$,则 A,B 一定不独立

2. 设 X,Y 为二随机变量,则下面等式正确的是(   ).

    A. $E(X+Y) = E(X) + E(Y)$ B. $D(X+Y) = D(X) + D(Y)$

    C. $E(XY) = E(X)E(Y)$ D. $D(XY) = D(X)D(Y)$

3. 设总体 X 具有期望 $E(X) = \mu$ 和方差 $\mathrm{Var}(X) = 8$. 若 $x_1, x_2, \cdots, x_n$ 为取自总体 X 的样本,则利用切比雪夫不等式估计 $P(|\bar{x} - \mu| < 4) \geqslant ($ $)$.

    A. $\dfrac{1}{4n}$ B. $1 - \dfrac{1}{2n}$

    C. $\dfrac{1}{2}$ D. $\dfrac{1}{2n}$

4. 设 $x_1, x_2, \cdots, x_n$ 为取自总体 $N(0,1)$ 的样本,$\bar{x}$ 和 s^2 分别表示样本均值和样本方差,则(   ).

    A. $\bar{x} \sim N(0,1)$ B. $n\bar{x} \sim N(0,1)$

    C. $\sum\limits_{k=1}^{n} x_k^2 \sim \chi^2(n)$ D. $\bar{x}/s \sim t(n-1)$

5. 设总体 $X \sim N(\mu, \sigma^2)$,其中 σ^2 已知,则总体均值 μ 的置信区间长度 l 与置信度 $1-\alpha$ 关系是(   ).

    A. 当 $1-\alpha$ 缩小时,l 缩短   B. 当 $1-\alpha$ 缩小时,l 增大

    C. 当 $1-\alpha$ 缩小时,l 不变   D. 以上说法都不对

二、填空题(每小题 4 分,共 20 分)

6. 设随机变量 X 服从参数为 λ 的泊松分布,且 $P(X=1) = P(X=2)$,则 $P(X=4) = $ _____ .

7. 设 X,Y 为两个随机变量,且 $P(X \geqslant 0, Y \geqslant 0) = \dfrac{3}{7}$,$P(X \geqslant 0) = P(Y \geqslant 0) = \dfrac{4}{7}$,则 $P\{\max(X,Y) \geqslant 0\} = $ _____ .

8. 设随机变量 X 在 $(1,3)$ 上服从均匀分布,则 $E\left(\dfrac{1}{X}\right) = $ _____ .

9. 设随机变量 $X \sim t(n)$,则 $Y = X^2$ 服从的分布是 _____ .

10. 设总体 X 在区间 $(0,\theta)$ 上服从均匀分布,则未知参数 θ 的矩估计为_____.

三、判断题(每小题 2 分,共 10 分)

11. 概率为 1 的事件,一定是必然事件.(   )

12. 若随机变量间不相关,则必定相互独立.(   )

13. 样本 k 阶原点矩是总体 k 阶原点矩的无偏估计.(   )

14. 无偏估计必然是相合估计.(   )

15. 在假设检验中,第一类错误是指"原假设成立,但拒绝了原假设"的错误.(   )

四、解答题(每小题 10 分,共 50 分)

16. 玻璃杯成箱出售,每箱 20 只,设备箱含 0,1,2 只残次品的概率分别为 0.8,0.1,0.1. 顾客购买时,售货员随意取一箱,顾客随机查看 4 只,若无残次品则买下,否则退回,试求:

(1) 顾客买下该箱玻璃杯的概率 α;

(2) 顾客买下的一箱玻璃杯中,确实无残次品的概率 β.

17. 设二维随机变量 (X,Y) 的联合密度函数为

$$f(x,y)=\begin{cases}\mathrm{e}^{-y}, & 0<x<y\\ 0, & \text{其他}\end{cases}$$

(1) 求 X,Y 的边缘概率密度 $f_X(x),f_Y(y)$;

(2) 判断 X 和 Y 是否相互独立(说明理由);

(3) 计算 $P\{X+Y\leqslant 1\}$.

18. 某厂一大批产品中,优等品率为 20%,现从该厂的产品中随机抽出 100 件,问优等品个数在 18 个到 25 个之间的概率是多少?

19. 设总体 X 的概率分布如表 3 所示.

表 3

X	0	1	2	3
P	θ^2	$2\theta(1-\theta)$	θ^2	$1-2\theta$

表中 $\theta(0<\theta<1/2)$ 为未知参数,利用样本值 3,1,3,0,3,1,2,3,求 θ 的矩估计值和最大似然估计值.

20. 设在一大堆木材中抽出 100 根,测其小头直径,得到样本平均值为 $\bar{x}=11.2(\mathrm{cm})$. 已知标准差 $\sigma=2.6(\mathrm{cm})$,问平均小头直径能否认为是在 12 cm 以上?(显著性水平 $\alpha=0.05$)

【综合自测题(二)解答】

一、单项选择题

1. B; 2. A; 3. B; 4. C; 5. A.

二、填空题

6. $\dfrac{2}{3}\mathrm{e}^{-2}$; 7. 5/7; 8. $\dfrac{1}{2}\ln 3$; 9. $F(1,n)$; 10. $2\bar{x}$.

三、判断题

11. $\times$; 12. $\times$; 13. $\checkmark$; 14. $\times$; 15. $\checkmark$.

四、解答题

16. 设 $B_i=$"箱中有 $i(i=0,1,2)$ 件次品", $A=$"顾客买下该箱玻璃杯". 则

$$P(B_0)=0.8, P(B_1)=P(B_2)=0.1; \quad P(A\mid B_i)=\frac{C_{20-i}^4}{C_{20}^4} \quad (i=0,1,2)$$

(1) 由全概率公式得

$$\alpha=P(A)=P(B_0)P(A\mid B_0)+P(B_1)P(A\mid B_1)+P(B_2)P(A\mid B_2)=0.94$$

(2) 由贝叶斯公式及(1)可得

$$\beta=P(B_0\mid A)=\frac{P(B_0)P(A\mid B_0)}{P(A)}\approx 0.851$$

17. (1) $f_X(x)=\displaystyle\int_{-\infty}^{+\infty}f(x,y)\mathrm{d}y=\begin{cases}\displaystyle\int_x^{+\infty}\mathrm{e}^{-y}\mathrm{d}y, & x\geqslant 0 \\ 0, & x<0\end{cases}=\begin{cases}\mathrm{e}^{-x}, & x\geqslant 0 \\ 0, & x<0\end{cases}.$

同理,可得 $f_Y(y)=\begin{cases}y\mathrm{e}^{-y}, & y\geqslant 0 \\ 0, & y<0\end{cases}.$

(2) 由(1)可见,当 $0<x<y$ 时

$$f(x,y)\neq f_X(x)f_Y(y)$$

故 X 与 Y 不独立.

(3) $P(X+Y\leqslant 1)=\displaystyle\int_1^{1/2}\mathrm{d}x\int_x^{1-x}\mathrm{e}^{-y}\mathrm{d}y=1+\mathrm{e}^{-1}-2\mathrm{e}^{-1/2}.$

18. 由于产品总数很大,故可将无放回抽样视为有放回抽样,因此抽出的 100 件产品中优等品的个数 $X\sim B(100,0.2)$,于是有

$$E(X)=100\times 0.2=20, \quad \mathrm{Var}(X)=100\times 0.2\times 0.8=16$$

由棣莫佛-拉普拉斯中心极限定理得

$$P(18\leqslant X\leqslant 25)=P\left(\frac{-2}{4}\leqslant\frac{X-20}{4}\leqslant\frac{5}{4}\right)\approx\Phi(1.25)-\Phi(-0.5)$$

$$= 0.8944 - (1 - 0.6915) = 0.5859$$

19. $E(X) = 3 - 4\theta$，$\bar{x} = 2$.

令 $E(X) = \bar{x}$，得 θ 的矩估计值为 $\hat{\theta} = \dfrac{1}{4}$.

对于给定的样本值，似然函数为

$$L(\theta) = 4\theta^6 (1-\theta)^2 (1-2\theta)^4$$

令 $\dfrac{\mathrm{d}\ln L(\theta)}{\mathrm{d}\theta} = \dfrac{6}{\theta} - \dfrac{2}{1-\theta} - \dfrac{8}{1-2\theta} = 0$，解得 $\theta_{1,2} = \dfrac{7 \pm \sqrt{13}}{12}$，因为 $\dfrac{7+\sqrt{13}}{12} > \dfrac{1}{2}$，不合题

意，所以 θ 的最大似然估计值为 $\hat{\theta} = \dfrac{7 - \sqrt{13}}{12}$.

20. 木材小头的直径一般服从正态分布 $N(\mu, \sigma^2)$. 要检验的假设为

$$H_0 : \mu \geqslant 12 \quad \text{且} \quad H_1 : \mu < 12$$

由于 $\sigma = 2.6$ 已知，故采用 u 检验法. 由题设知 $n = 100$，$\bar{x} = 11.2$，$\alpha = 0.05$，$u_\alpha = u_{0.05}$
$= 1.645$，H_0 的拒绝域为

$$W = \{u \leqslant -1.645\}$$

检验统计量的值为

$$u = \frac{\bar{x} - \mu_0}{\sigma / \sqrt{n}} = \frac{11.2 - 12}{2.6 / \sqrt{100}} = \frac{-0.80}{0.26} = -3.08$$

可见样本值落在拒绝域，故拒绝 H_0，即不能认为小头直径平均是在 $12\ \mathrm{cm}$ 以上.

【综合自测题(三)】

一、填空题(每小题 3 分,共 15 分)

1. 口袋中有 7 个白球、3 个黑球,从中任取 2 个,则取到的两个球颜色相同的概率是_____.

2. 若事件 $A,B,A \cup B$ 的概率分别为 $0.5,0.4,0.7$,则 $P(B|\bar{A}) = $_____.

3. 设 X 的密度函数为 $p(x) = \begin{cases} 2x, & 0 < x < 1 \\ 0, & \text{其他} \end{cases}$,以 Y 表示对 X 的三次独立重复观察中事件 $\{X \leqslant 0.5\}$ 出现的次数,则 $E(Y) = $_____.

4. 设随机变量 X 与 Y 独立,且 $X \sim P(2), Y \sim b(4,0.5)$,则 $\mathrm{Var}(X-Y+3) = $_____.

5. 设 X 服从均匀分布 $U(1,3)$,则 $Y = 2X$ 的密度函数 $f_Y(y) = $_____.

二、单项选择题(每小题 3 分,共 15 分)

6. 设 A,B 为任意两事件,则下列结论正确的是( ).

A. $P(A \cup B) = P(A) + P(B)$ 　　　　B. 若 $P(A \cup B) = 1$,则 $A \cup B = \Omega$

C. $P(A-B) = P(A) - P(B)$ 　　　　D. $P(A-B) = P(A) - P(AB)$

7. 设 x_1, x_2, x_3, x_4 为来自 $U(0,2\theta)$ 的样本,令 $\hat{\theta}_1 = \dfrac{1}{3}(2x_1 + 3x_2 + x_4)$,$\hat{\theta}_2 = \dfrac{1}{3}(2x_1 + x_3)$,则作为 θ 的估计,以下说法正确的是( ).

A. $\hat{\theta}_1$ 较 $\hat{\theta}_2$ 有效 　　　　B. $\hat{\theta}_1$ 不是无偏估计,$\hat{\theta}_2$ 是无偏估计

C. $\hat{\theta}_2$ 较 $\hat{\theta}_1$ 有效 　　　　D. $\hat{\theta}_1$ 是无偏估计,$\hat{\theta}_2$ 不是无偏估计

8. 设 $x_1, x_2, \cdots, x_n$ 为来自总体 $N(\mu, \sigma^2)$ 的样本,则 $\sum_{i=1}^{n} \left(\dfrac{x_i - \mu}{\sigma} \right)^2$ 服从( ).

A. $\chi^2(n)$ 　　　　B. $N(0,1)$

C. $t(n-1)$ 　　　　D. $F(n,n-1)$

9. 设 $x_1, x_2, \cdots, x_n$ 是取自总体 $N(\mu, \sigma^2)$ 的一个样本,其中 σ^2 未知,s^2 为样本方差,则 μ 的置信度为 0.95 的双侧置信区间为( ).

A. $\bar{x} \pm \dfrac{\sigma}{\sqrt{n}} u_{0.975}$ 　　　　B. $\bar{x} \pm \dfrac{\sigma}{\sqrt{n}} t_{0.05}(n)$

C. $\bar{x} \pm \dfrac{s}{\sqrt{n}} t_{0.975}(n-1)$ 　　　　D. $\bar{x} \pm \dfrac{\sigma}{\sqrt{n}} u_{0.95}$

10. 设随机变量 X 与 Y 的期望和方差均存在,则以下选项正确的是(   ).

A. $E(X+Y)=E(X)+E(Y)$ B. $E(XY)=E(X)E(Y)$

C. $\mathrm{Var}(X+Y)=\mathrm{Var}(X)+\mathrm{Var}(Y)$ D. $\mathrm{Var}(XY)=\mathrm{Var}(X)\mathrm{Var}(Y)$

三、计算题(每小题 10 分,共 30 分)

11. 某厂三个车间生产同一种产品,产量分别是总产量的 25%、40%、35%,各车间的次品率依次为 5%、2%、4%. 现从该厂产品中任取一件.

(1) 求取到的产品为次品的概率;

(2) 已知取到的产品为次品,问它是由第三车间生产的概率是多少?

12. 设二维随机变量 (X,Y) 服从区域 $D=\{(x,y)\,|\,1\leqslant x\leqslant 3,2\leqslant y\leqslant 4\}$ 上的均匀分布,即其密度函数为

$$p(x,y)=\begin{cases}\dfrac{1}{4}, & 1\leqslant x\leqslant 3,2\leqslant y\leqslant 4 \\ 0, & \text{其他}\end{cases}$$

(1) 求 X 与 Y 的边际密度函数 $p_X(x)$ 和 $p_Y(y)$;

(2) 相关系数 ρ_{XY};

(3) 判断 X 与 Y 是否独立;

(4) 判断 X 与 Y 是否相关.

13. 设随机变量 X 的分布函数为 $F_X(x)=A+B\mathrm{arctan}\,x(-\infty<x<+\infty)$.

(1) 求常数 A 与 B;

(2) 计算 $P(|X|<1)$;

(3) 求 $Y=2X$ 的密度函数 $p_Y(y)$.

四、解答题(14 小题 10 分,15、16 小题每题 15 分,共 40 分)

14. 某单位有 100 部电话,每部电话有 10% 的时间使用外线. 若每部电话是否使用外线是相互独立的.

(1) 求某一时刻使用外线的电话不超过 16 部的概率;

(2) 若要求每部电话使用外线时,外线不被占用的概率不低于 0.90,至少要安装多少条外线?

(已知:$\Phi(1)=0.841,\Phi(1.28)=0.9,\Phi(1.96)=0.975,\Phi(2)=0.977$)

15. 设总体 $X\sim B(1,p)(0<p<1)$,$x_1,x_2,\cdots,x_n$ 为来自总体 X 的样本.

(1) 求 p 的最大似然估计 $\hat{p}$;

(2) 证明:$\hat{p}$ 既是 p 的无偏估计,又是 p 的相合估计.

16. 人口老龄化问题研究中需要知道当地居民的平均寿命. 现从该地居民的死亡资料中任取 40 例,观察死亡年龄,由样本值算得样本均值 $\bar{x}=71.1$,样本标准差 $s=17$. 设当地居民的寿命服从正态分布 $N(\mu,\sigma^2)$.

(1) 试求当地居民的平均寿命 μ 的置信度为 95% 的置信区间;

（2）试求 σ 的置信度为 95% 的置信区间；

（3）政府发布公告当地居民的平均寿命为 70 岁，请你判断抽样结果与政府公告是否相符（取显著性水平 $\alpha = 0.05$）.

已知：$\chi_{0.95}^2(39) = 25.6954$，$\chi_{0.975}^2(39) = 23.6543$；

$\chi_{0.05}^2(39) = 54.5722$，$\chi_{0.025}^2(39) = 58.1201$；

$t_{0.05}(39) = 1.6849$，$t_{0.025}(39) = 2.0227$.

【综合自测题（三）解答】

一、填空题

1. $8/15$；2. 0.4；3. $3/4$；4. 3；5. $f_Y(y) = \begin{cases} 1/4, & 2 < y < 6 \\ 0, & \text{其他} \end{cases}$.

二、单项选择题

6. D；7. B；8. A；9. C；10. A.

三、计算题（每小题 10 分，共 30 分）

11. 以 A_1, A_2, A_3 分别表示"从该厂产品中任取一件是甲、乙、丙台机器生产的"，B 表示"从工厂产品中任取一件为次品". 由题设知 A_1, A_2, A_3 构成了一个完备事件组，且

$$P(A_1) = 0.25, \quad P(A_2) = 0.40, \quad P(A_2) = 0.35$$
$$P(B|A_1) = 0.05, \quad P(B|A_2) = 0.02, \quad P(B|A_3) = 0.04$$

（1）由全概率公式得

$$P(B) = \sum_{i=1}^{3} P(A_i)P(B|A_i) = 0.25 \times 0.05 + 0.40 \times 0.02 + 0.35 \times 0.04$$
$$= 0.0345$$

即该厂产品的次品率为 3.45%.

（2）由贝叶斯公式得所求概率为

$$P(A_3|B) = \frac{P(A_3)P(B|A_3)}{P(B)} = \frac{0.35 \times 0.04}{0.0345} \approx 0.4048$$

12（1）X 与 Y 的边际密度函数为

$$p_X(x) = \int_2^4 \frac{1}{4} \mathrm{d}y = \frac{1}{2} \quad (1 \leqslant x \leqslant 3)$$
$$p_Y(y) = \int_1^3 \frac{1}{4} \mathrm{d}x = \frac{1}{2} \quad (2 \leqslant y \leqslant 4)$$

（2）当 $(x, y) \in D$ 时

$$p(x,y) = \frac{1}{4} = p_X(x)p_Y(y)$$

否则

$$p(x,y) = 0 = p_X(x)p_Y(y)$$

可见 $p(x,y) = p_X(x)p_Y(y)$，故 X 与 Y 独立.

(3) 由 X 与 Y 独立知，X 与 Y 不相关.

13. (1) 由分布函数的性质知，$F(-\infty) = 0$，$F(+\infty) = 1$，即

$$A - \frac{\pi}{2}B = 0, \quad A + \frac{\pi}{2}B = 1$$

解得 $A = \frac{1}{2}$，$B = \frac{1}{\pi}$.

(2) $P(|X| < 1) = F(1) - F(-1) = \frac{1}{2}$.

(3) 由于 X 的密度函数为

$$p_X(x) = F'_X(x) = \frac{1}{\pi(1+x^2)} \quad (-\infty < x < +\infty)$$

所以 $Y = 2X$ 的密度函数为

$$p_Y(y) = p_X\left(\frac{y}{2}\right) \cdot \frac{1}{2} = \frac{2}{\pi(4+y^2)} \quad (-\infty < y < +\infty)$$

四、解答题

14. 设 Y 为 100 部电话中使用外线的部数，则 $Y \sim B(100, 0.1)$.

$$E(Y) = 10, \quad \text{Var}(Y) = 9$$

(1) $P(Y \leqslant 16) = P\left(\frac{Y-10}{3} \leqslant \frac{16-10}{3}\right) \approx \Phi(2) = 0.977$.

(2) 设至少要装 n 条外线，则

$$0.90 \leqslant P(Y \leqslant n) \approx \Phi\left(\frac{n-10}{3}\right)$$

由 $\Phi(1.28) = 0.9$ 知，$\frac{n-10}{3} \geqslant 1.28$，即 $n \geqslant 13.84$，故取 $n = 14$，即至少要安装 14 条外线.

15. (1)总体分布列为 $p(x; p) = p^x(1-p)^{1-x}$ $(x = 0, 1)$，似然函数为

$$L(p) = \prod_{i=1}^{n} p^{x_i}(1-p)^{1-x_i} = p^{\sum_{i=1}^{n} x_i}(1-p)^{n-\sum_{i=1}^{n} x_i}$$

取对数

$$\ln L(p) = \sum_{i=1}^{n} x_i \ln p + \left(n - \sum_{i=1}^{n} x_i\right)\ln(1-p)$$

解似然方程

$$\frac{\partial \ln L(p)}{\partial p} = \frac{\sum\limits_{i=1}^{n} x_i}{p} - \frac{n - \sum\limits_{i=1}^{n} x_i}{1-p} = 0$$

得 p 的最大似然估计为 $\hat{p} = \bar{x}$.

(2) 由于

$$E(\hat{p}) = E(\bar{x}) = p$$

又因为

$$\lim_{n \to \infty} \text{Var}(\hat{p}) = \lim_{n \to \infty} \text{Var}(\bar{x}) = \lim_{n \to \infty} \frac{p(1-p)}{n} = 0$$

所以 $\hat{p} = \bar{x}$ 既是 p 的无偏估计,又是 p 的相合估计.

16. (1) 由于 σ^2 未知,故 μ 的置信度为 $1-\alpha$ 的置信区间为

$$\left(\bar{x} - \frac{s}{\sqrt{n}} t_{\alpha/2}(n-1), \bar{x} + \frac{s}{\sqrt{n}} t_{\alpha/2}(n-1) \right)$$

其中 $n=40, \bar{x}=71.1, s=17, \alpha=0.05, t_{\alpha/2}(n-1) = t_{0.025}(n-1) = 2.0227$. 将数据代入可算得 μ 的置信度为 95% 的置信区间为 $(65.7, 76.5)$.

(2) σ 的置信度为 $1-\alpha$ 的置信区间为

$$\left(\sqrt{\frac{(n-1)s^2}{\chi^2_{\alpha/2}(n-1)}}, \sqrt{\frac{(n-1)s^2}{\chi^2_{1-\alpha/2}(n-1)}} \right)$$

其中 $n=40, s=17, \alpha=0.05, \chi^2_{\alpha/2}(n-1) = \chi^2_{0.025}(39) = 58.1201, \chi^2_{1-\alpha/2}(n-1) = \chi^2_{0.975}(39) = 23.6543$,将数据代入可算得 σ 的置信度为 95% 的置信区间为 $(13.9, 21.8)$.

(3) 依题意,要检验的假设如下:

$$H_0: \mu = 70 \quad 且 \quad H_1: \mu \neq 70$$

由于 σ^2 未知,故采用 t 检验法,选取的检验统计量为

$$t = \frac{\bar{x} - \mu_0}{s/\sqrt{n}}$$

其中 $n=40, \bar{x}=71.1, s=17, \mu_0=70$. 代入可算得 t 的值为

$$t = \frac{71.1 - 70}{17/\sqrt{40}} = 0.409$$

因为 $\alpha = 0.05$,所以 $t_{\alpha/2}(n-1) = t_{0.025}(n-1) = 2.0227$,因此 H_0 的拒绝域为

$$W = \{ |t| \geqslant 2.0227 \}$$

由于样本值没有落入拒绝域,故接受 H_0. 可见,抽样结果表明,当地居民的平均寿命与政府公告是相符的.

【综合自测题(四)】

一、选择题(每题 3 分,共 15 分)

1. 设 A,B 为两个事件,且 $B \subset A$,则下列式子正确的是( ).

A. $P(A \bigcup B) = P(A)$ B. $P(AB) = P(A)$

C. $P(B|A) = P(B)$ D. $P(B-A) = P(B) - P(A)$

2. 设 $X \sim N(\mu, \sigma^2)$,则当 σ 增大时,$P(|X-\mu| < \sigma)$( ).

A. 增大   B. 减少   C. 不变   D. 增减不定

3. 设 $X \sim P(\lambda)$,且 $E[(X-1)(X-2)] = 1$,则 $\lambda = ($).

A. 1   B. 2   C. 3   D. 0

4. 设 x_1, x_2, x_3 为正态总体 $N(\mu, \sigma^2)$ 的样本,μ 已知,σ^2 未知,下列各项不是统计量的是( ).

A. $x_1 + x_2 + x_3$ B. $\min\{x_1, x_2, x_3\}$

C. $\sum\limits_{i=1}^{3} (x_i^2 / \sigma^2)$ D. $x_1 - \mu$

5. 设 D 是由曲线 $y = 1/x$ 与直线 $y=0, x=1, x=e^2$ 围成的平面区域,二维随机变量 (X,Y) 在区域 D 上服从均匀分布,则 (X,Y) 关于 X 的边际分布在 $x=2$ 处的值为( ).

A. $\dfrac{1}{4}$ B. $\dfrac{1}{2}$ C. $\dfrac{1}{3}$ D. $\dfrac{1}{5}$

二、填空题(每题 3 分,共 15 分)

6. 设 A, B, C 是三个随机事件,用 A, B, C 表示事件"A, B, C 至少有一个发生"_____.

7. 设有 10 件产品,其中有 1 件次品,今从中任取出 1 件为次品的概率是_____.

8. 设随机变量 X 与 Y 相互独立,且 $X \sim N(1,2), Y \sim N(0,1)$. 则 $Z = 2X - Y + 3$ 的概率密度函数为_____.

9. 已知 $X \sim N(-2, 0.4^2)$,则 $E(X+3)^2 =$_____.

10. 设总体 $X \sim N(\mu, 4)$,从中抽取容量为 9 份的样本,算得样本均值为 $\bar{x} = 4.2$,则未知参数 μ 的置信度 0.95 的置信区间为_____(已知 $u_{0.025} = 1.96$).

三、计算题(每题 10 分,共 30 分)

11. 设考生的报名表来自三个地区,各有 10 份、15 份、25 份,其中女生的分别为 3 份、7 份、5 份. 随机地从一个地区先后任取两份报名表. 求先取到一份报名表是女生的概率.

12. 设随机变量 X 的密度函数为

$$f(x) = \begin{cases} Ax+1, & 0<x<2 \\ 0, & \text{其他} \end{cases}$$

试求:(1) A 的值;

(2) X 的分布函数 $F(x)$;

(3) $P(1.5<X<2.5)$.

13. 设二维随机变量 (X,Y) 有密度函数为

$$f(x,y) = \begin{cases} k\mathrm{e}^{-(3x+4y)}, & x>0 \\ 0, & \text{其他} \end{cases}$$

试求:(1) 常数 k;

(2) 随机点 (X,Y) 落在区域 D 上的概率,其中

$$D = \{(x,y):0<x<1,0<y<1\}$$

四、解答证明题(每题 10 分,共 40 分)

14. 设足球队 A 与 B 比赛,若有一队胜 4 场,则比赛结束,假设 A,B 在每场比赛中获胜的概率均为 0.5,求平均需比赛几场才能分出胜负?

15. 设 $x_1,x_2,\cdots,x_n$ 为总体 X 的一个样本,X 的密度函数为

$$f(x) = \begin{cases} \beta x^{\beta-1}, & 0<x<1 \\ 0, & \text{其他} \end{cases} \quad (\beta>0)$$

求参数 β 的矩估计量和最大似然估计量.

16. 一台包装机包装面盐,包得的袋装面盐重(单位:kg)是一个随机变量,它服从正态分布,当机器正常时,其均值为 0.5,标准差为 0.015,某天开工后,为检验包装机是否正常,随机抽取它所包装面盐 9 袋. 经测量与计算得 $\bar{x}=0.511$,取 $\alpha=0.05$,试问这天机器是否正常?($u_{0.025}=1.96$)

17. 已知 $T\sim t(n)$,求证:$T^2\sim F(1,n)$.

【综合自测题(四)解答】

一、选择题

1. A; 2. C; 3. A; 4. C; 5. A.

二、填空题

6. $A\cup B\cup C$; 7. 0.1; 8. $f(z)=\dfrac{1}{3\sqrt{2\pi}}\mathrm{e}^{-\frac{(z-5)^2}{18}}$; 9. 1.16; 10. (2.83, 5.57).

三、计算题

11. 设 $B=$"取得的报名表为女生的", $A_i=$"考生的报名表是第 $i(i=1,2,3)$ 个地区的". 由全概率公式可得

$$P(B) = \sum_{i=1}^{3} P(A_i)P(B \mid A_i) = \frac{1}{3}\left(\frac{3}{10} + \frac{7}{15} + \frac{1}{5}\right) = \frac{29}{90}$$

即先取到一份报名表为女生的概率为 $\frac{29}{90}$.

12. (1) 由 $1 = \int_{-\infty}^{+\infty} f(x)\mathrm{d}x = \int_{0}^{2}(Ax+1)\mathrm{d}x = 2A+2$ 得，$A = -\frac{1}{2}$；

(2) X 的分布函数为

$$F(x) = \int_{-\infty}^{x} f(t)\mathrm{d}t = \begin{cases} 0, & x < 0 \\ \int_{0}^{x}\left(-\frac{1}{2}t+1\right)\mathrm{d}t, & 0 \leqslant x < 2 \\ 1, & x \geqslant 2 \end{cases}$$

$$= \begin{cases} 0, & x < 0 \\ -\frac{1}{4}x^2 + x, & 0 \leqslant x < 2 \\ 1, & x \geqslant 2 \end{cases}$$

(3) $P\{1.5 < X < 2.5\} = F(2.5) - F(1.5) = 0.0625$.

13. (1) 由于 $1 = \int_{0}^{+\infty}\int_{0}^{+\infty} k\mathrm{e}^{-(3x+4y)}\mathrm{d}x\mathrm{d}y = \frac{k}{12}$，故 $k=12$；

(2) 所求概率为

$$P((x,y) \in D) = P(0 < X \leqslant 1, 0 < Y \leqslant 2)$$
$$= 12\int_{0}^{1}\mathrm{e}^{-3x}\mathrm{d}x\int_{0}^{2}\mathrm{e}^{-4y}\mathrm{d}y = (1-\mathrm{e}^{-3})(1-\mathrm{e}^{-8})$$
$$\approx 0.9502$$

四、解答证明题

14. 设 X 为需要比赛的场数，则

$$P(X=4) = \frac{1}{8}, \quad P(X=5) = \frac{1}{4}, \quad P(X=6) = \frac{5}{16}, \quad P(X=7) = \frac{5}{16}$$

故

$$E(X) = 4 \times \frac{1}{8} + 5 \times \frac{1}{4} + 6 \times \frac{5}{16} + 7 \times \frac{5}{16} \approx 5.8$$

可见，平均需比赛 6 场才能分出胜负.

15. 先求 β 的矩估计：总体一阶矩为

$$\mu_1 = E(X) = \int_{0}^{1} x\beta x^{\beta-1}\mathrm{d}x = \frac{\beta}{\beta+1}$$

从中接触 β，得

$$\beta = \frac{\mu_1}{1 - \mu_1}$$

用样本矩代替总体矩,得 β 的矩估计为

$$\hat{\beta} = \frac{\bar{x}}{1 - \bar{x}}$$

下面求 β 的最大似然估计:似然函数(非零部分)为

$$L(\beta) = \beta^n \prod_{i=1}^{n} x_i^{\beta-1} \quad (0 < x_i < 1; i = 1, 2, \cdots, n)$$

取对数

$$\ln L(\beta) = n\ln \beta + (\beta - 1) \sum_{i=1}^{n} \ln x_i$$

解似然方程

$$0 = \frac{d\ln L(\beta)}{d\beta} = \frac{n}{\beta} + \sum_{i=1}^{n} \ln x_i$$

得到 β 的最大似然估计量为

$$\hat{\beta} = \frac{-n}{\sum_{i=1}^{n} \ln X_i}$$

16. 要检验的假设为

$$H_0: \mu = 0.5 \quad \text{且} \quad H_1: \mu \neq 0.5$$

由于已知标准差 $\sigma = 0.015$,故采用 u 检验法,检验统计量为

$$u = \frac{\bar{x} - \mu_0}{\sigma / \sqrt{n}}$$

其中 $\mu_0 = 0.5, n = 9, \bar{x} = 0.511$. 检验统计量的值为

$$u = \frac{0.511 - 0.5}{0.015 / \sqrt{9}} = 2.20$$

因为 $\alpha = 0.05$,所以 $u_{\alpha/2} = u_{0.025} = 1.96$. 可见,样本值落入拒绝域 $W = \{|u| > 1.96\}$,故拒绝 H_0,因此认为这天包装机工作不正常.

17. 因为 $T \sim t(n)$,所以 $T = \frac{X}{\sqrt{Y/n}}$,其中 $X \sim N(0,1), Y \sim \chi^2(n)$. 因此

$$T^2 = \frac{X^2/1}{Y/n} \sim F(1, n)$$

【综合自测题（五）】

一、选择题（每题 3 分，共 15 分）

1. 设 A,B,C 为三个随机事件，则 A,B,C 都不发生的事件为（　　）.

A. $\overline{A}\,\overline{B}C$ 　　　　B. $\overline{ABC}$ 　　　　C. $A\bigcup B\bigcup C$ 　　　　D. ABC

2. (X,Y) 是二维随机变量，与 $\mathrm{Cov}(X,Y)=0$ 不等价的是（　　）.

A. $\mathrm{Var}(X+Y)=\mathrm{Var}(X)+\mathrm{Var}(Y)$ 　　B. $E(XY)=E(X)E(Y)$

C. $\mathrm{Var}(X-Y)=\mathrm{Var}(X)+\mathrm{Var}(Y)$ 　　D. X 与 Y 相互独立

3. 设总体 $X\sim N(\mu,\sigma^2)$，其中 μ 未知，x_1,x_2 是来自该总体的样本，则下列统计量不是 μ 的无偏估计量的是（　　）.

A. $\dfrac{1}{2}x_1+\dfrac{1}{2}x_2$ 　　　　　　　　B. $\dfrac{1}{3}x_1+\dfrac{2}{3}x_2$

C. $\dfrac{1}{2}x_1+\dfrac{1}{3}x_2$ 　　　　　　　　D. $\dfrac{1}{6}x_1+\dfrac{5}{6}x_2$

4. 设事件 A,B 互不相容，$P(A)=p$，$P(B)=q$，则 $P(\overline{A}B)=$（　　）.

A. $(1-p)q$ 　　B. pq 　　　　C. q 　　　　　　D. p

5. 已知随机变量 X 的密度函数为 $f_X(x)$，则 $Y=-2X$ 的密度函数 $f_Y(y)=$（　　）.

A. $2f_X(-2y)$ 　　　　　　　　B. $f_X\left(-\dfrac{y}{2}\right)$

C. $-\dfrac{1}{2}f_X\left(-\dfrac{y}{2}\right)$ 　　　　　D. $\dfrac{1}{2}f_X\left(-\dfrac{y}{2}\right)$

二、填空题（每题 3 分，共 15 分）

6. 某射手对目标独立射击 4 次，此射手的命中率为 $\dfrac{2}{3}$，则至少命中一次的概率为_____.

7. 设 A,B 为随机事件，且 $P(A)=0.5$，$P(B)=0.6$，$P(B|A)=0.8$，则 $P(A\bigcup B)=$_____.

8. 若随机变量 $X\sim N(1,4)$，$Y\sim N(2,9)$，且 X 与 Y 相互独立，则 $Z=X-Y\sim$_____.

9. 已知总体 $X\sim N(0,1)$，设 $X_1,X_2,\cdots,X_n$ 是来自总体 X 的样本，则 $\sum\limits_{i=1}^{n}X_i^2\sim$_____.

10. 概率很小的事件在一次试验中几乎是不可能发生的，这个原理称为

_____.

三、计算题(每题 10 分,共 40 分)

11. 设随机变量 X 具有概率密度为

$$f(x) = \begin{cases} kx+1, & 0 \leqslant x \leqslant 2 \\ 0, & \text{其他} \end{cases}$$

试求:(1) 常数 k;

(2) X 的分布函数 $F(x)$;

(3) $P(1.5 < X < 2.5)$.

12. 设二维随机变量 (X,Y) 的联合密度函数为

$$f(x,y) = \begin{cases} e^{-y}, & 0 < x < y \\ 0, & \text{其他} \end{cases}$$

(1) 求边缘概率密度 $f_X(x)$,$f_Y(y)$;

(2) 判断 X 与 Y 是否相互独立.

13. 某工程队完成某项工程的天数 X 是一个随机变量,其分布列如表 4 所示.

表 4

X	10	11	12	13	14
P	0.2	0.3	0.3	0.1	0.1

所得利润(以一万元计)为 $Y = 1000(12-X)$,求 $E(Y)$ 与 $D(Y)$.

14. 设总体 $X \sim N(\mu,\sigma^2)$,其中 μ 未知,σ^2 已知,$x_1, x_2, \cdots, x_n$ 是来自总体 X 的一个样本,试求 μ 的矩估计和最大似然估计.

四、解答题(每题 10 分,共 30 分)

15. 甲、乙、丙三车间加工同一种产品,分别占产品总量的 25%、35%、40%,次品率分别是 0.03、0.02、0.01. 现从这种产品中抽取一个产品,求:

(1) 该产品是次品的概率;

(2) 若检测结果显示该产品是次品,则该产品是乙车间生产的概率.

16. 某种电子元件的寿命 X(以年计)服从均值为 2 的指数分布,各元件的寿命相互独立. 随机抽取这种元件 100 只,试求这 100 只元件的寿命之和大于 180 的概率.$(\Phi(1) = 0.8413, \Phi(1.2) = 0.8849)$

17. 一油漆商希望知道某种新的内墙油漆的干燥时间.在面积相同的 12 块内墙上做试验,记录干燥时间(单位:分),得到样本均值 $\bar{x} = 66.3$,样本标准差 $s = 9.4$. 若样本来自于正态总体 $N(\mu,\sigma^2)$,μ 与 σ^2 均未知. 试求 μ 的置信度为 0.95 的置信区间.$(t_{0.05}(11) = 1.7959, t_{0.025}(12) = 2.1788, t_{0.025}(11) = 2.2010)$

【综合自测题（五）解答】

一、选择题

1. A；2. D；3. C；4. C；5. D.

二、填空题

6. $\dfrac{80}{81}$；7. 0.7；8. $N(-1,13)$；9. $\chi^2(n)$；10. 小概率原理.

三、计算题

11. (1) 由 $\displaystyle\int_{-\infty}^{+\infty} f(x)\mathrm{d}x = \int_0^2 (kx+1)\mathrm{d}x = 1$，得 $k=-\dfrac{1}{2}$；

(2) X 的分布函数为

$$F(x)=\begin{cases} \displaystyle\int_{-\infty}^x 0\mathrm{d}x, & x<0 \\[2mm] \displaystyle\int_0^x (-0.5x+1)\mathrm{d}x, & 0\leqslant x<2 \\[2mm] \displaystyle\int_0^2 (-0.5x+1)\mathrm{d}x+\int_2^x 0\mathrm{d}x, & x\geqslant 2 \end{cases}$$

$$=\begin{cases} 0, & x<0 \\[2mm] -\dfrac{1}{4}x^2+x, & 0\leqslant x<2 \\[2mm] 1, & x\geqslant 2 \end{cases}$$

(3) $P(1.5<X<2.5)=F(2.5)-F(1.5)=\dfrac{1}{16}$.

12. (1) 当 $x\leqslant 0$ 时，$f_X(x)=0$；当 $x>0$ 时，

$$f_X(x) = \int_{-\infty}^{+\infty} f(x,y)\mathrm{d}y = \int_x^{+\infty} \mathrm{e}^{-y}\mathrm{d}y = \mathrm{e}^{-x}$$

即

$$f_X(x) = \begin{cases} \mathrm{e}^{-x}, & x>0 \\ 0, & \text{其他} \end{cases}$$

同理，可得

$$f_Y(y) = \begin{cases} y\mathrm{e}^{-y}, & y>0 \\ 0, & \text{其他} \end{cases}$$

(2) 因为 $f(x,y)\neq f_X(x)f_Y(y)$，所以 X 与 Y 不独立.

13. 由 Y 的分布列可得

$$E(Y) = 2000\times 0.2 + 1000\times 0.3 - 1000\times 0.1 - 2000\times 0.1 = 400$$

$$E(Y^2) = 2000^2 \times 0.2 + 1000^2 \times 0.3 + (-1000)^2 \times 0.1 + (-2000)^2 \times 0.1$$
$$= 1600000$$

$$D(Y) = E(Y^2) - [E(Y)]^2 = 1440000$$

14. 由替换原理知,正态均值 μ 的矩估计为 $\hat{\mu} = \bar{x}$.

下面求 μ 的最大似然估计:μ 的似然函数为

$$L(\mu) = \prod_{i=1}^{n} \frac{1}{\sqrt{2\pi}\sigma} e^{\frac{(x_i - \mu)^2}{2\sigma^2}} = \frac{1}{(\sqrt{2\pi\sigma^2})^n} e^{-\frac{1}{2\sigma^2} \sum_{i=1}^{n} (x_i - \mu)^2}$$

取对数

$$\ln L(\mu) = -\frac{1}{2\sigma^2} \sum_{i=1}^{n} (x_i - \mu)^2 - \frac{n}{2} \ln(2\pi\sigma^2)$$

解似然方程

$$\frac{d\ln L(\mu)}{d\mu} = \frac{1}{\sigma^2} \sum_{i=1}^{n} (x_i - \mu) = 0$$

得到 μ 的最大似然估计为

$$\hat{\mu} = \frac{1}{n} \sum_{i=1}^{n} x_i = \bar{x}$$

四、解答题

15. 设 A_1, A_2, A_3 分别表示甲、乙、丙三车间加工的产品,B 表示从这些产品中抽取的一件是次品. 则

$$P(A_1) = 0.25, \quad P(A_2) = 0.35, \quad P(A_3) = 0.40$$
$$P(B \mid A_1) = 0.03, \quad P(B \mid A_2) = 0.02, \quad P(B \mid A_3) = 0.01$$

(1) 由全概率公式得

$$P(B) = \sum_{i=1}^{3} P(A_i)P(B \mid A_i) = 0.25 \times 0.03 + 0.35 \times 0.02 + 0.4 \times 0.01$$
$$= 0.0185$$

(2) 由贝叶斯公式得

$$P(A_2 \mid B) = \frac{P(A_2)P(B \mid A_2)}{P(B)} = \frac{0.35 \times 0.02}{0.0185} \approx 0.38$$

16. 把抽取的这 100 只元件的寿命分别记为 $X_1, X_2, \cdots, X_{100}$,由题设知它们相互独立,且有

$$E(X_i) = 2, \quad \text{Var}(X_i) = 4 \quad (i = 1, 2, \cdots, 100)$$

于是,根据独立同分布的中心极限定理,可知

$$\bar{X} = \frac{1}{100} \sum_{i=1}^{100} X_i$$

近似服从正态分布 $N\left(2, \frac{4}{100}\right)$,即 $N(2, 0.04)$,故所求概率为

$$P\Big(\sum_{i=1}^{100} X_i > 180\Big) = P(\bar{X} > 1.8) = P\Big(\frac{\bar{X}-2}{0.2} > \frac{1.8-2}{0.2}\Big)$$

$$\approx 1 - \Phi(\frac{1.8-2}{0.2}) = \Phi(1)$$

$$= 0.8413$$

17. 这是一个方差未知的正态总体均值的区间估计问题,故 μ 的置信度为 $1-\alpha$ 的置信区间为

$$\Big(\bar{x} - \frac{s}{\sqrt{n}} t_{\alpha/2}(n-1), \bar{x} + \frac{s}{\sqrt{n}} t_{\alpha/2}(n-1)\Big)$$

其中 $\bar{x}=66.3, s=9.4, n=12, \alpha=0.05, t_{\alpha/2}(n-1)=t_{0.025}(11)=2.2010$. 代入上式,不难算得 μ 的置信度为 0.95 的置信区间为 $(60.33, 72.27)$.

附　表

1. 标准正态分布函数表

$$\Phi(x) = \int_{-\infty}^{x} \frac{1}{\sqrt{2\pi}} e^{-t^2/2} dt$$

x	0.00	0.01	0.02	0.03	0.04	0.05	0.06	0.07	0.08	0.09
0.0	0.5000	0.5040	0.5080	0.5120	0.5160	0.5199	0.5239	0.5279	0.5319	0.5359
0.1	0.5398	0.5438	0.5478	0.5517	0.5557	0.5596	0.5636	0.5675	0.5714	0.5753
0.2	0.5793	0.5832	0.5871	0.591	0.5948	0.5987	0.6026	0.6064	0.6103	0.6141
0.3	0.6179	0.6217	0.6255	0.6293	0.6331	0.6368	0.6406	0.6443	0.648	0.6517
0.4	0.6554	0.6591	0.6628	0.6664	0.6700	0.6736	0.6772	0.6808	0.6844	0.6879
0.5	0.6915	0.6950	0.6985	0.7019	0.7054	0.7088	0.7123	0.7157	0.719	0.7224
0.6	0.7257	0.7291	0.7324	0.7357	0.7389	0.7422	0.7454	0.7486	0.7517	0.7549
0.7	0.7580	0.7611	0.7642	0.7673	0.7703	0.7734	0.7764	0.7794	0.7823	0.7852
0.8	0.7881	0.7910	0.7939	0.7967	0.7995	0.8023	0.8051	0.8078	0.8106	0.8133
0.9	0.8159	0.8186	0.8212	0.8238	0.8264	0.8289	0.8315	0.8340	0.8365	0.8389
1.0	0.8413	0.8438	0.8461	0.8485	0.8508	0.8531	0.8554	0.8577	0.8599	0.8621
1.1	0.8643	0.8665	0.8686	0.8708	0.8729	0.8749	0.8770	0.879	0.8810	0.8830
1.2	0.8849	0.8869	0.8888	0.8907	0.8925	0.8944	0.8962	0.898	0.8997	0.9015
1.3	0.9032	0.9049	0.9066	0.9082	0.9099	0.9115	0.9131	0.9147	0.9162	0.9177
1.4	0.9192	0.9207	0.9222	0.9236	0.9251	0.9265	0.9278	0.9292	0.9306	0.9319
1.5	0.9332	0.9345	0.9357	0.9370	0.9382	0.9394	0.9406	0.9418	0.9430	0.9441
1.6	0.9452	0.9463	0.9474	0.9484	0.9495	0.9505	0.9515	0.9525	0.9535	0.9545
1.7	0.9554	0.9564	0.9573	0.9582	0.9591	0.9599	0.9608	0.9616	0.9625	0.9633
1.8	0.9641	0.9648	0.9656	0.9664	0.9671	0.9678	0.9686	0.9693	0.9700	0.9706
1.9	0.9713	0.9719	0.9726	0.9732	0.9738	0.9744	0.9750	0.9756	0.9762	0.9767
2.0	0.9772	0.9778	0.9783	0.9788	0.9793	0.9798	0.9803	0.9808	0.9812	0.9817
2.1	0.9821	0.9826	0.983	0.9834	0.9838	0.9842	0.9846	0.985	0.9854	0.9857
2.2	0.9861	0.9864	0.9868	0.9871	0.9874	0.9878	0.9881	0.9884	0.9887	0.9890
2.3	0.9893	0.9896	0.9898	0.9901	0.9904	0.9906	0.9909	0.9911	0.9913	0.9916
2.4	0.9918	0.992	0.9922	0.9925	0.9927	0.9929	0.9931	0.9932	0.9934	0.9936
2.5	0.9938	0.9940	0.9941	0.9943	0.9945	0.9946	0.9948	0.9949	0.9951	0.9952
2.6	0.9953	0.9955	0.9956	0.9957	0.9959	0.9960	0.9961	0.9962	0.9963	0.9964
2.7	0.9965	0.9966	0.9967	0.9968	0.9969	0.9970	0.9971	0.9972	0.9973	0.9974
2.8	0.9974	0.9975	0.9976	0.9977	0.9977	0.9978	0.9979	0.9979	0.9980	0.9981
2.9	0.9981	0.9982	0.9982	0.9983	0.9984	0.9984	0.9985	0.9985	0.9986	0.9986
3.0	0.9987	0.9990	0.9993	0.9995	0.9997	0.9998	0.9998	0.9999	0.9999	1.0000

2. χ^2 分布上侧分位数 $\chi_\alpha^2(n)$ 表

$$P(\chi^2(n) > \chi_\alpha^2(n)) = \alpha$$

n	α									
	0.995	0.99	0.975	0.95	0.90	0.10	0.05	0.025	0.01	0.005
1	...	...	0.001	0.004	0.016	2.706	3.841	5.024	6.635	7.879
2	0.010	0.020	0.051	0.103	0.211	4.605	5.992	7.378	9.210	10.597
3	0.072	0.115	0.216	0.352	0.584	6.251	7.815	9.348	11.345	12.838
4	0.207	0.297	0.484	0.711	1.064	7.779	9.487	11.143	13.277	14.860
5	0.412	0.554	0.831	1.145	1.610	9.236	11.071	12.833	15.086	16.750
6	0.676	0.872	1.237	1.635	2.204	10.645	12.592	14.440	16.812	18.548
7	0.989	1.239	1.690	2.167	2.833	12.017	14.067	16.012	18.474	20.276
8	1.344	1.646	2.180	2.733	3.490	13.362	15.507	17.534	20.09	21.954
9	1.735	2.088	2.700	3.325	4.168	14.684	16.919	19.022	21.665	23.587
10	2.156	2.558	3.247	3.94	4.865	15.987	18.307	20.483	23.209	25.188
11	2.603	3.053	3.816	4.575	5.578	17.275	19.675	21.920	24.724	26.755
12	3.074	3.571	4.404	5.226	6.304	18.549	21.026	23.337	26.217	28.300
13	3.565	4.107	5.009	5.892	7.041	19.812	22.362	24.735	27.687	29.817
14	4.075	4.660	5.629	6.571	7.790	21.064	23.685	26.119	29.141	31.319
15	4.601	5.229	6.262	7.261	8.547	22.307	24.996	27.488	30.577	32.799
16	5.142	5.812	6.908	7.962	9.312	23.542	26.296	28.845	32.000	34.267
17	5.697	6.407	7.564	8.682	10.085	24.769	27.587	30.190	33.408	35.716
18	6.265	7.015	8.231	9.39	10.865	25.989	28.869	31.526	34.805	37.156
19	6.844	7.632	8.906	10.117	11.651	27.203	30.143	32.852	36.19	38.580
20	7.434	8.26	9.591	10.851	12.443	28.412	31.410	34.170	37.566	39.997
21	8.034	8.897	10.283	11.591	13.240	29.615	32.670	35.478	38.93	41.399
22	8.643	9.542	10.982	12.338	14.042	30.813	33.924	36.781	40.289	42.796
23	9.26	10.195	11.688	13.09	14.848	32.007	35.172	38.075	41.637	44.179
24	9.886	10.856	12.401	13.848	15.659	33.196	36.415	39.364	42.98	45.558
25	10.52	11.523	13.12	14.611	16.473	34.381	37.652	40.646	44.313	46.925
26	11.16	12.198	13.844	15.379	17.292	35.563	38.885	41.923	45.642	48.290
27	11.808	12.878	14.573	16.151	18.114	36.741	40.113	43.194	46.962	49.642
28	12.461	13.565	15.308	16.928	18.939	37.916	41.337	44.461	48.278	50.993
29	13.121	14.256	16.047	17.708	19.768	39.087	42.557	45.772	49.586	52.333
30	13.787	14.954	16.791	18.493	20.599	40.256	43.773	46.979	50.892	53.672
35	17.192	18.508	20.569	22.465	24.796	46.059	49.802	53.203	57.340	60.272
40	20.707	22.164	24.433	26.509	29.050	51.805	55.758	59.342	63.691	66.766

3. t 分布上侧分位数 $t_\alpha(n)$ 表

$$P(t(n)>t_\alpha(n))=\alpha$$

n	α					
	0.20	0.10	0.05	0.025	0.01	0.005
1	1.3764	3.0777	6.3137	12.7062	31.8210	63.6559
2	1.0607	1.8856	2.9200	4.3027	6.9645	9.9250
3	0.9785	1.6377	2.3534	3.1824	4.5407	5.8408
4	0.9410	1.5332	2.1318	2.7765	3.7469	4.6041
5	0.9195	1.4759	2.0150	2.5706	3.3649	4.0321
6	0.9057	1.4398	1.9432	2.4469	3.1427	3.7074
7	0.8960	1.4149	1.8946	2.3646	2.9979	3.4995
8	0.8889	1.3968	1.8595	2.3060	2.8965	3.3554
9	0.8834	1.3830	1.8331	2.2622	2.8214	3.2498
10	0.8791	1.3722	1.8125	2.2281	2.7638	3.1693
11	0.8755	1.3634	1.7959	2.2010	2.7181	3.1058
12	0.8726	1.3562	1.7823	2.1788	2.6810	3.0545
13	0.8702	1.3502	1.7709	2.1604	2.6503	3.0123
14	0.8681	1.3450	1.7613	2.1448	2.6245	2.9768
15	0.8662	1.3406	1.7531	2.1315	2.6025	2.9467
16	0.8647	1.3368	1.7459	2.1199	2.5835	2.9208
17	0.8633	1.3334	1.7396	2.1098	2.5669	2.8982
18	0.8620	1.3304	1.7341	2.1009	2.5524	2.8784
19	0.8610	1.3277	1.7291	2.0930	2.5395	2.8609
20	0.8600	1.3253	1.7247	2.0860	2.5280	2.8453
21	0.8591	1.3232	1.7207	2.0796	2.5176	2.8314
22	0.8583	1.3212	1.7171	2.0739	2.5083	2.8188
23	0.8575	1.3195	1.7139	2.0687	2.4999	2.8073
24	0.8569	1.3178	1.7109	2.0639	2.4922	2.7970
25	0.8562	1.3163	1.7081	2.0595	2.4851	2.7874
26	0.8557	1.3150	1.7056	2.0555	2.4786	2.7787
27	0.8551	1.3137	1.7033	2.0518	2.4727	2.7707
28	0.8546	1.3125	1.7011	2.0484	2.4671	2.7633
29	0.8542	1.3114	1.6991	2.0452	2.4620	2.7564
30	0.8538	1.3104	1.6973	2.0423	2.4573	2.7500
35	0.8520	1.3062	1.6896	2.0301	2.4377	2.7238
40	0.8507	1.3031	1.6839	2.0211	2.4233	2.7045
45	0.8497	1.3006	1.6794	2.0141	2.4121	2.6896

4. F 分布上侧分位数 $F_\alpha(m,n)$ 表

$$P(F(m,n))>F_\alpha(m,n))=\alpha$$

1. $\alpha=0.05$

n \ m	1	2	3	4	5	6	8	12	24	∞
1	161.4	199.5	215.7	224.6	230.2	234.0	238.9	243.9	249.0	254.3
2	18.51	19.00	19.16	19.25	19.30	19.33	19.37	19.41	19.45	19.50
3	10.13	9.55	9.28	9.12	9.01	8.94	8.84	8.74	8.64	8.53
4	7.71	6.94	6.59	6.39	6.26	6.16	6.04	5.91	5.77	5.63
5	6.61	5.79	5.41	5.19	5.05	4.95	4.82	4.68	4.53	4.36
6	5.99	5.14	4.76	4.53	4.39	4.28	4.15	4.00	3.84	3.67
7	5.59	4.74	4.35	4.12	3.97	3.87	3.73	3.57	3.41	3.23
8	5.32	4.46	4.07	3.84	3.69	3.58	3.44	3.28	3.12	2.93
9	5.12	4.26	3.86	3.63	3.48	3.37	3.23	3.07	2.90	2.71
10	4.96	4.1	3.71	3.48	3.33	3.22	3.07	2.91	2.74	2.54
11	4.84	3.98	3.59	3.36	3.20	3.09	2.95	2.79	2.61	2.40
12	4.75	3.88	3.49	3.26	3.11	3	2.85	2.69	2.50	2.30
13	4.67	3.80	3.41	3.18	3.02	2.92	2.77	2.6	2.42	2.21
14	4.60	3.74	3.34	3.11	2.96	2.85	2.7	2.53	2.35	2.13
15	4.54	3.68	3.29	3.06	2.90	2.79	2.64	2.48	2.29	2.07
16	4.49	3.63	3.24	3.01	2.85	2.74	2.59	2.42	2.24	2.01
17	4.45	3.59	3.2	2.96	2.81	2.70	2.55	2.38	2.19	1.96
18	4.41	3.55	3.16	2.93	2.77	2.66	2.51	2.34	2.15	1.92
19	4.38	3.52	3.13	2.90	2.74	2.63	2.48	2.31	2.11	1.88
20	4.35	3.49	3.10	2.87	2.71	2.6	2.45	2.28	2.08	1.84
21	4.32	3.47	3.07	2.84	2.68	2.57	2.42	2.25	2.05	1.81
22	4.30	3.44	3.05	2.82	2.66	2.55	2.40	2.23	2.03	1.78
23	4.28	3.42	3.03	2.80	2.64	2.53	2.38	2.20	2.00	1.76
24	4.26	3.40	3.01	2.78	2.62	2.51	2.36	2.18	1.98	1.73
25	4.24	3.38	2.99	2.76	2.60	2.49	2.34	2.16	1.96	1.71
26	4.22	3.37	2.98	2.74	2.59	2.47	2.32	2.15	1.95	1.69
27	4.21	3.35	2.96	2.73	2.57	2.46	2.30	2.13	1.93	1.67
28	4.20	3.34	2.95	2.71	2.56	2.44	2.29	2.12	1.91	1.65
29	4.18	3.33	2.93	2.70	2.54	2.43	2.28	2.10	1.90	1.64
30	4.17	3.32	2.92	2.69	2.53	2.42	2.27	2.09	1.89	1.62
60	4.00	3.15	2.76	2.52	2.37	2.25	2.10	1.92	1.70	1.39
120	3.92	3.07	2.68	2.45	2.29	2.17	2.02	1.83	1.61	1.25
∞	3.84	2.99	2.60	2.37	2.21	2.09	1.94	1.75	1.52	1.00

2. $\alpha = 0.025$

n \ m	1	2	3	4	5	6	8	12	24	∞
1	647.8	799.5	864.2	899.6	921.8	937.1	956.7	976.7	997.2	1018
2	38.51	39.00	39.17	39.25	39.30	39.33	39.37	39.41	39.46	39.50
3	17.44	16.04	15.44	15.10	14.88	14.73	14.54	14.34	14.12	13.90
4	12.22	10.65	9.98	9.60	9.36	9.20	8.98	8.75	8.51	8.26
5	10.01	8.43	7.76	7.39	7.15	6.98	6.76	6.52	6.28	6.02
6	8.81	7.26	6.60	6.23	5.99	5.82	5.60	5.37	5.12	4.85
7	8.07	6.54	5.89	5.52	5.29	5.12	4.90	4.67	4.42	4.14
8	7.57	6.06	5.42	5.05	4.82	4.65	4.43	4.20	3.95	3.67
9	7.21	5.71	5.08	4.72	4.48	4.32	4.10	3.87	3.61	3.33
10	6.94	5.46	4.83	4.47	4.24	4.07	3.85	3.62	3.37	3.08
11	6.72	5.26	4.63	4.28	4.04	3.88	3.66	3.43	3.17	2.88
12	6.55	5.10	4.47	4.12	3.89	3.73	3.51	3.28	3.02	2.72
13	6.41	4.97	4.35	4.00	3.77	3.6	3.39	3.15	2.89	2.60
14	6.30	4.86	4.24	3.89	3.66	3.5	3.29	3.05	2.79	2.49
15	6.20	4.77	4.15	3.80	3.58	3.41	3.20	2.96	2.70	2.40
16	6.12	4.69	4.08	3.73	3.50	3.34	3.12	2.89	2.63	2.32
17	6.04	4.62	4.01	3.66	3.44	3.28	3.06	2.82	2.56	2.25
18	5.98	4.56	3.95	3.61	3.38	3.22	3.01	2.77	2.5	2.19
19	5.92	4.51	3.9	3.56	3.33	3.17	2.96	2.72	2.45	2.13
20	5.87	4.46	3.86	3.51	3.29	3.13	2.91	2.68	2.41	2.09
21	5.83	4.42	3.82	3.48	3.25	3.09	2.87	2.64	2.37	2.04
22	5.79	4.38	3.78	3.44	3.22	3.05	2.84	2.6	2.33	2.00
23	5.75	4.35	3.75	3.41	3.18	3.02	2.81	2.57	2.3	1.97
24	5.72	4.32	3.72	3.38	3.15	2.99	2.78	2.54	2.27	1.94
25	5.69	4.29	3.69	3.35	3.13	2.97	2.75	2.51	2.24	1.91
26	5.66	4.27	3.67	3.33	3.10	2.94	2.73	2.49	2.22	1.88
27	5.63	4.24	3.65	3.31	3.08	2.92	2.71	2.47	2.19	1.85
28	5.61	4.22	3.63	3.29	3.06	2.90	2.69	2.45	2.17	1.83
29	5.59	4.20	3.61	3.27	3.04	2.88	2.67	2.43	2.15	1.81
30	5.57	4.18	3.59	3.25	3.03	2.87	2.65	2.41	2.14	1.79
60	5.29	3.93	3.34	3.01	2.79	2.63	2.41	2.17	1.88	1.48
120	5.15	3.8	3.23	2.89	2.67	2.52	2.3	2.05	1.76	1.31
∞	5.02	3.69	3.12	2.79	2.57	2.41	2.19	1.94	1.64	1.00

3. $\alpha = 0.01$

n \ m	1	2	3	4	5	6	8	12	24	∞
1	4052	4999	5403	5625	5764	5859	5981	6106	6234	6366
2	98.49	99.01	99.17	99.25	99.30	99.33	99.36	99.42	99.46	99.50
3	34.12	30.81	29.46	28.71	28.24	27.91	27.49	27.05	26.6	26.12
4	21.20	18.00	16.69	15.98	15.52	15.21	14.80	14.37	13.93	13.46
5	16.26	13.27	12.06	11.39	10.97	10.67	10.29	9.89	9.47	9.02
6	13.74	10.92	9.78	9.15	8.75	8.47	8.10	7.72	7.31	6.88
7	12.25	9.55	8.45	7.85	7.46	7.19	6.84	6.47	6.07	5.65
8	11.26	8.65	7.59	7.01	6.63	6.37	6.03	5.67	5.28	4.86
9	10.56	8.02	6.99	6.42	6.06	5.80	5.47	5.11	4.73	4.31
10	10.04	7.56	6.55	5.99	5.64	5.39	5.06	4.71	4.33	3.91
11	9.65	7.20	6.22	5.67	5.32	5.07	4.74	4.40	4.02	3.60
12	9.33	6.93	5.95	5.41	5.06	4.82	4.50	4.16	3.78	3.36
13	9.07	6.70	5.74	5.2	4.86	4.62	4.30	3.96	3.59	3.16
14	8.86	6.51	5.56	5.03	4.69	4.46	4.14	3.80	3.43	3.00
15	8.68	6.36	5.42	4.89	4.56	4.32	4.00	3.67	3.29	2.87
16	8.53	6.23	5.29	4.77	4.44	4.20	3.89	3.55	3.18	2.75
17	8.40	6.11	5.18	4.67	4.34	4.1	3.79	3.45	3.08	2.65
18	8.28	6.01	5.09	4.58	4.25	4.01	3.71	3.37	3	2.57
19	8.18	5.93	5.01	4.50	4.17	3.94	3.63	3.30	2.92	2.49
20	8.10	5.85	4.94	4.43	4.10	3.87	3.56	3.23	2.86	2.42
21	8.02	5.78	4.87	4.37	4.04	3.81	3.51	3.17	2.80	2.36
22	7.94	5.72	4.82	4.31	3.99	3.76	3.45	3.12	2.75	2.31
23	7.88	5.66	4.76	4.26	3.94	3.71	3.41	3.07	2.7	2.26
24	7.82	5.61	4.72	4.22	3.9	3.67	3.36	3.03	2.66	2.21
25	7.77	5.57	4.68	4.18	3.86	3.63	3.32	2.99	2.62	2.17
26	7.72	5.53	4.64	4.14	3.82	3.59	3.29	2.96	2.58	2.13
27	7.68	5.49	4.60	4.11	3.78	3.56	3.26	2.93	2.55	2.10
28	7.64	5.45	4.57	4.07	3.75	3.53	3.23	2.9	2.52	2.06
29	7.60	5.42	4.54	4.04	3.73	3.5	3.20	2.87	2.49	2.03
30	7.56	5.39	4.51	4.02	3.70	3.47	3.17	2.84	2.47	2.01
60	7.08	4.98	4.13	3.65	3.34	3.12	2.82	2.5	2.12	1.60
120	6.85	4.79	3.95	3.48	3.17	2.96	2.66	2.34	1.95	1.38
∞	6.64	4.60	3.78	3.32	3.02	2.80	2.51	2.18	1.79	1.00

参考文献

［1］ 马阳明，朱方霞，陈佩树，等.应用概率与数理统计［M］.2 版.合肥：中国科学技术大学出版社,2018.

［2］ 陈希孺.概率论与数理统计［M］.合肥：中国科学技术大学出版社,1992.

［3］ 魏宗舒.概率论与数理统计教程［M］.2 版.北京：高等教育出版社,2008.

［4］ 茆诗松，程依明，濮晓龙.概率论与数理统计教程［M］.2 版.北京：高等教育出版社,2011.

［5］ 茆诗松，程依明，濮晓龙.概率论与数理统计教程习题与解答［M］.2 版.北京：高等教育出版社,2012.

［6］ 盛骤，谢式千.概率论与数理统计及其应用［M］.2 版.北京：高等教育出版社,2010.

［7］ 盛骤，谢式千，潘承毅.概率论与数理统计习题全解指南［M］.北京：高等教育出版社,2012.

［8］ 吴传生.经济数学：概率论与数理统计学习辅导与习题选解［M］.北京：高等教育出版社,2009.

［9］ 曹振华，赵平，胡跃清.概率论与数理统计［M］.南京：东南大学出版社,2001.

［10］ 缪铨生.概率与数理统计［M］.2 版.上海：华东师范大学出版社,1997.

［11］ 张从军，刘亦农，肖丽华，等.概率论与数理统计［M］.上海：复旦大学出版社,2006.

［12］ 郭跃华.概率论与数理统计［M］.北京：科学出版社,2007.

［13］ 周纪芗.回归分析［M］.上海：华东师范大学出版社,1993.

［14］ 梁烨，柏仿.Excel 统计分析与应用［M］.北京：机械工业出版社,2009.

［15］ Weisberg S. Applied Linear Regression［M］. 2nd ed. New York：John Wiley & Sons,1985.

［16］ Chatterjee S, Hadi A, Price B. Regression Analysis by Exampl［M］. 3rd ed. New York：John Wiley & Sons,2000.